Julio Danilo Vilca Vivas

LOS INSECTOS Y OTROS AGENTES DAÑINOS DE LA TUNA O NOPAL

Julio Danilo Vilca Vivas

LOS INSECTOS Y OTROS AGENTES DAÑINOS DE LA TUNA O NOPAL

Una Visión Integral del Ecosistema Natural de la Cactácea en Ayacucho, Perú

Editorial Académica Española

Imprint

Any brand names and product names mentioned in this book are subject to trademark, brand or patent protection and are trademarks or registered trademarks of their respective holders. The use of brand names, product names, common names, trade names, product descriptions etc. even without a particular marking in this work is in no way to be construed to mean that such names may be regarded as unrestricted in respect of trademark and brand protection legislation and could thus be used by anyone.

Cover image: www.ingimage.com

Publisher:
Editorial Académica Española
is a trademark of
Dodo Books Indian Ocean Ltd. and OmniScriptum S.R.L publishing group

120 High Road, East Finchley, London, N2 9ED, United Kingdom
Str. Armeneasca 28/1, office 1, Chisinau MD-2012, Republic of Moldova, Europe
Printed at: see last page
ISBN: 978-620-2-16338-5

Julio Danilo Vilca Vivas

LOS INSECTOS Y OTROS AGENTES DAÑINOS DE LA TUNA

Una Visión Integral del Ecosistema Natural de la Cactácea en Ayacucho, Perú

Universidad Nacional de San Cristóbal de Huamanga

Julio Danilo Vilca Vivas

Es Ingeniero Agrónomo, egresado de la Universidad Nacional de San Cristóbal de Huamanga, con segunda especialización en Agricultura Campesina Andina (PRATEC-UNSCH) y Magíster Cientiae en la especialidad de Entomología de la Universidad Nacional Agraria La Molina.

Miembro activo de la Sociedad Entomológica del Perú.

Profesor principal de la cátedra de Entomología General, Entomología Agrícola y Manejo Integrado de Plagas en la Facultad de Ciencias Agrarias, de la Universidad Nacional San Cristóbal de Huamanga.

Ha desempeñado cargos de Coordinador del Programa de Investigación en Cultivos Andinos (PICA), director de Departamento Académico de Agronomía y Zootecnia, director de la Escuela Profesional de Agronomía, Coordinador de Proyección Social y Coordinador del Instituto de Investigación de la Facultad de Ciencias Agrarias.

Jefe de la Oficina de Investigación e Innovación y jefe de la Oficina de Gestión Académico de la Universidad Nacional de San Cristóbal de Huamanga.

Tiene dos textos por publicar: Bioecología de *Schistocerca piceifrons peruviana* y Los Insectos del Bosque de Tara en Ayacucho

LOS INSECTOS Y OTROS AGENTES DAÑINOS DE LA TUNA

Una Visión Integral del Ecosistema Natural de la Cactácea en Ayacucho, Perú

Julio Danilo Vilca Vivas

LOS INSECTOS Y OTROS AGENTES DAÑINOS DE LA TUNA

Una Visión Integral del Ecosistema Natural
de la Cactácea en Ayacucho, Perú

A Dios por el apego al
maravilloso mundo
de los insectos

A los campesinos recolectores de
la tuna fruta y cochinilla del
carmín de los bosques
semiáridso de Ayacucho

Agradecimientos

Soy conciente del inevitable riesgo de omitir a muchas personas que hicieron posible la materialización de esta obra, razón por la cual me reservo de mencionarlos, dando constancia de mi especial gratitud a todos ellos. Pero, no puedo dejar de reconocer a mis amigos, los campesinos recolectores de la tuna fruta y cochinilla del carmín de los bosques de Ayacucho, con quienes compartí una experiencia reciproca en muchas jornadas de trabajo.

A la Universidad Nacional de San Cristóbal de Huamanga, a través de la Oficina de Investigación, por el apoyo económico para realizar una de mis grandes pasiones, la investigación.

A mis hijos, Iván y Joel, colaboradores incansables durante mis largas caminatas por los diversos bosques de tuna de Ayacucho.

A la Editorial Académica Española (EAE) por su apoyo incondicional para la materialización de la prsente obra

A Olga Guritanu, Editora en Omniscriptum Publishing Group, por la comunicación y oferta de publicación para materializar uno de mis mayores anhelos, gracias Olga.

CONTENIDO

Notas del autor

Esta publicación es el resultado de más de 20 años de monitoreo de insectos en los diversos bosques de tuna de Ayacucho, al lado de mis amigos los campesinos recolectores, quienes a su modo cuidan y aprovechan los recursos naturales que la "Pachamama" y los "Apus" regionales le ofrece.

Mi inquietud por conocer los insectos de la tuna se inicia cuando en 1985 descubro mi vocación por la Entomología, y cuando al visitar las diferentes provincias de la región de Ayacucho, aún desconocido para mi, llego a entender que la tuna como planta natural es la reina entre las cactáceas de la zona quechua y porque en esta zona no hay espacio que no se encuentre ocupado por la tuna.

Por otro lado, los insectos relacionados a la tuna, que para el caso particular de los bosques naturales de Ayacucho, corresponde a un grupo evolutivamente muy interesante y bastante peculiar en un ambiente semiárido. En este contexto particular conviven con relativa armonía, la tuna, su parásito principal la cochinilla y otros invertebrados, vertebrados y el hombre andino que con su ancestral práctica permite se conserve el complejo bosque natural.

Afirmo que en esta obra, la única intención es mostrar la estructura de los bosque de tuna, su interrelación con el campesino recolector, registrar la variabilidad de insectos y otros animales que conviven con la tuna, separándolos por grupos específicos con relación a la modalidad del daño que ocasiona, su importancia y el control natural de los agentes dañinos; es decir, grupo de insectos masticadores de diferentes órganos de la planta, insectos picadores chupadores, insectos minadores de frutos, insectos raspadores-chupadores, insectos saprófagos de la penca, artrópodos que perturban al hombre durante las faenas de recolección, y otros animales residentes y visitantes del bosque.

No cabe duda de que esta publicación es una obra inicial, queda mucho por investigar, pero estoy seguro de que servirá de guía para quienes se interesen por conocer el enorme potencial de los bosques de tuna y comprender la interrelación o coevolución entre los agentes bióticos y abióticos, denominados dañinos, con la catácea. Asimismo, con base a los conocimientos proponer luego un Programa de Administración Integral del ecosistema, sobre todo cuando en los tiempos actuales la presión comercial de la tuna fruta y la cochinilla, y el control químico de *Schistocerca piceifrons peruviana* (Lynch Arribalzaga, 1903) en los bosques vienen vulnerando el frágil ecosistema y el campesino empieza a percibir el desequilibrio.

El autor

Introducción

En el bosque de tuna convive una diversidad de especies vegetales y animales. Verdaderamente compleja forma de vida que, en la cosmovisión andina involucra al hombre y a las deidades como parte del paisaje; por cierto, concepción totalmente disímil a la visión egocentrica del "hombre moderno", cuya mal entendida gestión de la naturaleza trastoca la armonía que, voluntaria e involuntariamente, genera la aparición de lo que llamamos "plagas" y "enfermedades".

La situación sanitaria del bosque se agudiza cuando intencionalmente se aplican insecticidas, que en el caso de los bosques xerofíticos de Ayacucho lo ejecutan contra *Schistocerca piceifrons peruviana*; más aún, cuando sin sustento alguno atribuyen a la tuna hospedante de la "mosca de la fruta", falsa y burda acusación que altera la relación armónica entre la planta y la mosca en desmedro de la inmensa masa campesina que ven en los frutos de la cactácea como su único sustento económico.

Para entenderlo, primero, consideramos importante conocer su historia y reconocer que la existencia de la tuna y cochinilla en Ayacucho se remonta a tiempos inmemoriales. Probablemente es tan o más antigua que el hombre de Pacaycasa (20,000 años). Al respecto, Cháves (1977) en su libro La Materia Médica en el Incanato, resalta la antigüedad e importancia del la cochinilla y a su planta hospedante, la tuna; con base a recopilación hechas en 1586 por españoles, donde al referirse a la tuna lo menciona como cardones que crcen en las tierras templadas de Huamanga y Huancavelica y a la cochinilla como pequeños gorgojuelos, cuyas cámaras internas se encuentran repletos de sangre o grana colorada y finísima con que los nativos tiñen la ropa que ellos mismos lo tejen.

Los insectos dañinos de la tuna, que, para el caso particular de los bosques secos de Ayacucho, éstos corresponden a especies coevolutivamente muy interesantes y determinantes, como es el caso de *Schistocerca piceifrons peruviana* (Orhoptera: Acrididae), *Leptoglossus* zonatus (Dallas) (Hemiptera: Coreidae), *Acromyrmex* sp. (Hymenoptera: Formicidae), *Paraedessa heymonsi* (Hemiptera: Pentatomidae), *Cryptarcha* sp. (Coleoptera: Nitidulidae), y principalmente *Dactylopius coccus* Costa (Hemiptera: Diaspididae) entre los principales. Además de los insectos mencionados, existe una diversidad de otras especies que frecuentan la cactácea por el polen y nectáreo de las flores, por el exudado en las areolas de los tallos y/o por el jugo azucartado de los frutos dañados, en tanto que otros se comportan como saprófagos o como predadores de insectos.

La publicación del presente texto es mostrar al lector las bondades de la planta de tuna, su origen y organización en el bosque; la forma de aprovechamiento por parte de los campesinos, para finalmente entender la variabilidad de insectos y otros agentes relacionados con la cactácea, separados por grupos específicos con relación a la modalidad de convivencia coevolutiva; es decir, especies masticadores, picadores chupadores, minador de frutos, raspador-chupador, saprófagos, alteradores de la tranquilidad de los recolectores de tuna y cochinilla, y adicionalmente evidenciar a otros artrópodos y animales que visitan los tunales, cada cual con relación a sus "enemigos naturales". No cabe duda de que esta publicación es una obra inicial e inconclusa, queda mucho tramo por recorrer, pero estoy seguro de que servirá de guía para comprender la problemática de la tuna y sus agentes dañinos, y sobre todo para reorientar el aprovechamiento del bosque y el control de *Schistocerca piceifrons peruviana* en Ayacucho.

El autor

CAPITULO I

La Tuna y los Bosques de Tuna en Ayacucho

Bosque de tuna, perteneciuente al Complejo Arquelógico de Wari. Ayacucho, Perú.

La planta de tuna prospera
hasta en las grietas de las
rocas.

En época de producción, la
abundancia de frutos supera a la
capacidad de cosecha.

1.1.1 La Tuna o Nopal

Origen y distribución

La tuna o nopal es originaria de América. Según publicaciones, en este continenete se encuentra dispersa desde la provincia de Alberta en Canadá, hasta la Patagonia en Argentina, enseñoreándose en grandes áreas de las zonas desérticas de los Estados Unidos y México en América del Norte y en las de Perú y Bolivia en América del Sur; sin duda, su distribución ha traspasado las fronteras continentales. En la actualidad puede registrarse una variedad de esta cactácea en extensas zonas del Mediterráneo, Sudáfrica, Australia y la India (Villarreal, 1959, citado por Vargas, 2004; Cerón, 1983 y Delgado, 1989).

De 125 géneros que comprende la familia de Cactaceae a escala mundial, 61 están representados en México, 31 en el Sur de los Estados Unidos y 51 en el Perú. La riqueza varietal de la tuna y la de sus parientes silvestres, especialmente en México y Perú, nos clarifica su origen.

Taxonomía

La planta de tuna se encuentra dentro del subreino Embryophyta, división Angiosperma, clase Dicotiledónea, subclase Dialipétalas, orden Opuntiales, familia Cactaceae, subfamilia Opuntioideae, tribu Opuntiae y género *Opuntia* Mill., que incluye las especies *Opuntia ficus indica* (L.) Mill., *Opuntia tomentosa* Salm Dyck y *Opuntia pilífera* Weber.

La tuna en el Perú: Historia

En lo que respecta a la antigüedad de la tuna en el Perú, Urrutia (1985) indica que existen amplias evidencias de utilización de diferentes variedades de *Opuntia* de parte de grupos de cazadores y recolectores de la sierra central, así como de agricultores tempranos de la zona del Callejón de Huaylas. Según el mismo autor, Rick (1983) encontró evidencias de complementación alimenticia de camélidos cazados por grupos humanos y de *Opuntia* de altura juntamente con otras plantas en diversos abrigos y cuevas de la región del lago de Junín; en tanto que Lynch (1980), para la cueva del guitarrero en Callejón de Huaylas, indica la existencia de *Opuntia* y otros vegetales utilizados por habitantes de aquel lugar; por su parte Engel (1966), en el sitio de tres ventanas (Chilca) registró la presencia de un fruto de tuna asociado a estratos de ocupación de la cueva en época Prehispánica, hace 10,000 años aproximadamente.

En cuanto al uso, Delgado (1989) señala que el aprovechamiento de la tuna en los andes se remonta a épocas prehispánicas. El autor mencionado recoge afirmaciones de diversos investigadores y señala que las evidencias arqueológicas desde por los menos 5,000 años a.C., permiten confirmar su utilización en dos aspectos básicos: el fruto de la tuna como complemento de la dieta alimenticia y las pencas como alimento humano y hospedante de *Dactylopius coccus* Costa (cochinilla), con la consecuente elaboración de tintes para la artesanía textil andina a partir del carmín; en tanto que Cornejo (1983) considera que la tuna, juntamente con *Agave americana* L. (maguey), *Zea mays* L. (maíz), *Phaseolus vulgaris* L. (frijol)., *Solanum tuberosum* L. (papa) y otras especies vegetales fueron las primeras plantas que se cultivaron en América, constituyendo todas ellas factores determinantes para la formación y desarrollo de numerosos centros poblados.

En el contexto actual, la utilidad de la tuna no solamente es importante porque nos provee alimento (pulpa del fruto y las pencas tiernas), forraje (frutos y pencas), leña (tallos secos) y la cochinilla; sino que en las comunidades tiene una variedad muy extensa de uso, desde la utilización en la construcción de vivienda, control y prevención de enfermedades, hasta la participación en rituales de fiestas ceremoniales; formas de aprovechamiento que aún esperan ser estudiadas, comprendidas y vigorizadas.

En Ayacucho, la tuna fruta y la cochinilla son los productos más aprovechados por los campesinos. El fruto en época de abundancia (noviembre, diciembre, enero y febrero) es recolectado (Foto 1), seleccionado (Foto 2) y encajonado en grandes volúmenes para el consumo local y principalmente para abastecer los mercados de capitales de provincias y la capital de la región, e incluso a mercados lejanos de otras regiones; caso Ica, Junín y Lima principalmente. Los medios de traslado o transporte de la carga son muy variados, la fuerza del hombre (Foto 3) y las acémilas (Foto 4) constituyen los medios más útiles en lugares inaccesibles. En el bosque, las jabas de madera vacías son trasladadas manualmente al lugar de cosecha o recolección de la fruta (Foto 5); en tanto que los frutos cogidos de la planta son acarreados en baldes (Foto 6) al lugar de selección, para luego de seleccionado y encajonado ser transportado a los lugares de embarque o carretera, donde son apilados uno sobre otro (Foto 7), listo para el transporte mediante vehículos de carga pesada (camiones) (Foto 8) a lugares distantes de la zona de producción.

Foto 1. Cosecha de tuna fruta. Observe las herramientas y la forma del corte.

Foto 2. Selección y encajonado de la tuna fruta para el transporte.

Foto 3. Traslado de la carga de tuna del interior del bosque hacia el lugar de embarque.

Foto 4. Uso de acémilas para el traslado de la carga hacia el lugar de embarque.

Foto 5. Traslado de las jabas de madera al interior del boque

Foto 6. Acopio de la tuna ruta para seleccionar y encajonar.

Las regiones con mayores áreas de tunales en el Perú son: Apurímac, Huancavelica, Arequipa, Cajamarca, Ancash, Cusco, Lima, Huánuco, Tacna, Moquegua, La Libertad, Junín, Piura, Amazonas y Ayacucho. En esta última, específicamente en las provincias de Huanta, Cangallo y La Mar, existen aproximadamente más de 18000 hectáreas de tunales silvestres que forman parte importante del sustento de la precaria economía del campesinado.

Con relación a la cochinilla, merece resaltar que el Perú es el mayor productor en el mundo, y dentro del país, la sierra aporta con el mayor volumen, contribuyendo la Región Ayacucho con aproximadamente un 65 % de la producción nacional (Salas, 2020), seguido por las regiones de Arequipa, Apurímac, Huancavelica y Cusco. Con toda razón, el campesino ayacuchano siente y muestra cariño a su bosque sagrado, donde ingresa con respeto, evocando plegarias a sus deidades a través del "chacchado de la coca" (Foto 9) para que le permita aprovisionarse de la tuna fruta y la cochinilla. Sin duda, a pesar de la enorme importancia de la tuna y cochinilla para un vasto sector de habitantes de la Región Ayacucho, existe poco interés por parte de los gobiernos locales (distrital y provincial), gobierno regional y del estado por mejorar, tecnificar y administrar los recursos de los bosques de tuna.

La recolección de la fruta y cochinilla se realiza de manera tradicional, se utilizan materiales rústicos para el acopio (Fotos 10, 11 y 12), participan en esta labor mayormente mujeres y ancianos (Fotos 13, 14 y 15) y luego se entrega los productos a intermediarios, recibiendo a cambio montos irrisorios de manera injusta; sin duda, práctica perversa que merece ser reorientada, teniendo en consideración que detrás de la tuna y cochinilla existe una enorme población de hombres que por siglos supieron y saben convivir en armonía con la naturaleza, pero que en la actualidad subsisten en la más extrema pobreza, esperando que alguien le tienda la mano para vitalizar sus fuerzas y modos de vida. Es evidente que el enorme potencial de la tuna en Ayacucho se sustenta en su perfecta adaptación y aclimatación a este medio andino árido y xerofítico.

El bosque de tuna y la economía campesina ayacuchana

La existencia de extensos bosques de tuna, conformando complejos y variados ecosistemas (Foto 16), siempre ha motivado interés de parte de instituciones privadas y del estado con la pretensión de administrar el recurso y aprovecharlo mejor, a tal punto que en la actualidad podemos encontrar bosques con plantaciones raleadas de tuna (Foto 17), e incluso pequeñas nuevas plantaciones (Foto 18) para la producción de tuna fruta y cochinilla; sin embargo, estas áreas son sumamente insignificantes frente a la inmensidad de los bosques originales. Sin duda, los esfuerzos de mejora con el paso del tiempo se aletargan y las áreas trabajadas en su mayoría nuevamente se convierten en bosques, un ejemplo es el de Atoqpampa, perteneciente a la Universidad Nacional de San Cristóbal de Huamanga; con toda seguridad se puede comprobar que en Ayacucho no se ha avanzado casi nada en materia de investigación para ordenar y mejorar los tunales, consecuentemente la búsqueda de tecnologías para el aprovechamiento racional de los recursos. Por lo general el campesino como siempre no es más que un simple recolector, utiliza materiales rústicos para aprovisionarse de la fruta y la cochinilla, que por presión del mercado lo practica de manera irracional, contribuyendo a degradar el bosque y a la proliferación de plagas y enfermedades, con pérdidas irreparables.

Es importante reconocer que en los bosques la recolección de la tuna fruta y la cochinilla se realizan durante todo el año, aunque los volúmenes de cosecha no siempre se dan en la misma proporción. Existen periodos del año en el cual la labor del campesino se concentra con mayor intensidad en una actividad que en otra; por ejemplo, desde primavera y todo el verano lluvioso de enero a marzo la familia campesina se dedica a recolectar la fruta; en tanto que, en los meses fríos y secos de junio a setiembre, la cochinilla. De manera complementaria aprovecha del bosque los órganos suculentos de las cactáceas *Opuntia ficus indica* (tuna o nopal), de *Echinopsis peruviana* (Britton & Rose) H. Friedrich & G. D. Rowley (sankay), de *Agave americana* L. (cabuya) y los pastos naturales para alimentar a su ganado, así como los tallos secos de diversas cactáceas, las ramas y tallos de *Acacia macracantha* Willd. (guarango), de *Schinus molle* L. (molle), de *Dodonaea viscosa* Jacq. (chamana) y de diversas otras especies arbustivas como combustible (leña) de uso diario, sin descuidar por su puesto su actividad principal, la agrícola y pecuaria. No cabe duda de que para el campesino ayacuchano la tuna, la cabuya y la tara representan el medio natural más importante, son parte integral de su existencia, incluso atribuye a los bosques lugares sagrados al que se debe ingresar con permiso, respeto y cariño, tal como nos enseña los recolectores Honorato Orellana Medina e Inocencio Berrocal Rojas, quienes viven y participan de los bosques (Fotos 19 y 20). Además, de la cabuya extraen el "upi" (chicha), el tallo y las hojas secas son usadas como combustible (leña) (Fotos 21 y 22) y de la tara las vainas como materia prima de exportación (Foto 23).

El ganado aprovecha la pastura del bosque de manera permanente, aun en los meses secos de junio a octubre, periodo donde el animal consume mayormente las pencas espinosas de la tuna y las hojas de *Agave americana* (cabuya), que en algunos casos el campesino lo troza en pedazos para facilitar su consumo (Foto 24), acompañando con rastrojos de cosecha, o con pastos frescos de pequeñas parcelas en los lugares donde disponen de

Foto 7. Javas de tuna, lista para el transporte hacia el mercado.

Foto 8. Vehículo de transporte cargado de javas de tuna para el mercado.

Foto 9. Chacchado de coca. Práctica ritual, antes y durante la cosecha de tuna fruta.

Foto 10. Arreglo del "chuco" (gorro) para acopiar la cochinilla.

Foto 11. "Chuco" (gorro) listo para recolectar la cochinilla

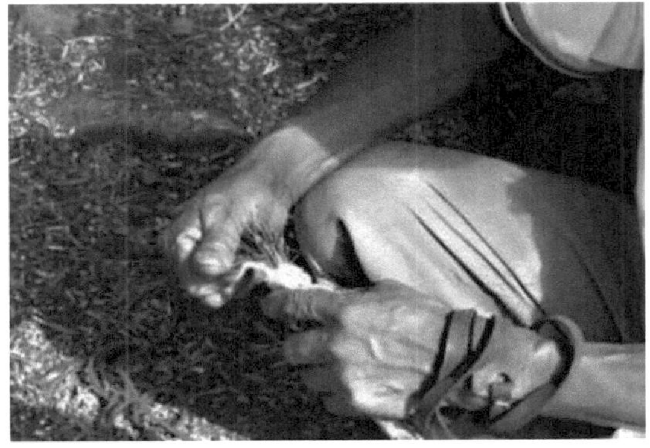

Figura 12. Arreglo de la "pichana" (escoba) para barrer la cochinilla de la penca.

Foto 13. Recolección de cochinilla.

Foto 14. Mayormente son las mujeres quienes participan en la recolección.

Foto 15. Anciano recolector de cochinilla.

Foto 16. Bosque de tuna de la Zona Arqueológica de Wari. Distrito de Quinua. Huamanga, Ayacucho.

Foto 17. Bosque raleado de tuna de Sarawasi. Distrito de San José de Ticllas. Huamanga, Ayacucho.

Foto 18. Plantación de tuna en Tawaqocha. Distrito de Pacaycasa. Huamanga, Ayacucho.

agua de riego; debe asumirse y reconocer que aproximadamente el 90 % de las tierras de cultivo se trabaja en secano, aprovechando la época lluviosa para realizar con alegría la siembra. Pero, a pesar de las bondades que ofrecen los bosques de tuna al poblador andino, muy pocos son los trabajos o las preocupaciones por estudiar, sistematizar y reorientar su aprovechamiento de manera racional e integral; tampoco se ha logrado entender el valor bio-ecológico de la tuna y la cochinilla en la vida económica, social y cultural del campesinado.

El bosque de tuna y los insectos

La tuna es una planta xerofítica, cuyo desarrollo natural está localizado en terrenos marginados para la agricultura. Se adapta a diferentes condiciones climáticas y diversos tipos de suelos; pero está mejor representada en las zonas de vida catalogadas como monte espinoso Subtropical (mte-S), estepa espinoso-Montano Bajo Subtropical (ee-MBS) y como bosque seco-Montano Bajo Subtropical (bs-MBS) (Cerón, 1983).

Precisamente los bosques de tuna se caracterizan por encontrarse en lugares desérticos, xerofíticos y totalmente secos en los meses de junio, julio, agosto y septiembre, e incluso hasta noviembre cuando las precipitaciones se retrasan; a pesar de todo, las plantas se mantienen firmes soportando a su parásito la cochinilla; sin duda, se muestran verdes y florecientes durante los meses lluviosos de enero a marzo. Acompañan a la tuna diversas otras cactáceas y plantas arbustivas y semi-arbustivas, caso *Opuntia subulata* (Muehlenpf.) Backeb. 1939 (anku kichka), *Opuntia tunicata* (Lehm.) Pfeiff. (pusuquy kichka) *Agave americana* (cabuya), *Agave sisa lana* Perrine (china paqpa), *Salvia oppositiflora* Ruiz & Pav. (salvia), *Carica augusti* Harms (pati), *Echinopsis peruviana* (sankay), *Acacia macracantha* (huarango), *Condalia weberbaueri* Perk (ambrancay), *Schinus molle* (molle), *Caesalpinia spinosa* (Molina) Kuntze (tara), *Salpichroa glandulosa* Miers. (pepino silvestre), *Ambrosia tenuifolia* Spreng (marco silvestre), *Dodonaea viscosa* (chamana), *Plumbago coerulea* Kunth (yana warmi) y otras especies conocidas por los lugareños como "chanchalpi", "cabra cabra", "wiraqocha", "chakanway", "pispita", etc.; en tanto que la vegetación herbácea predominante son las gramíneas *Paspalum* sp. (grama blanca), *Stipa mucronata* Kunth (ichu), *Muhlembergia rigida* (Kunth) Trin. (ichu-pichana), *Pennisetum weberbaueri* Mez. (sara-sara) y *Pennisetum clandestinum* Hochst. (kikuyo), además de especies diversas como: *Solanum nigrum* L. (ñuchku), *Lantana* sp. (lantana), *Eupatorium* sp. (marmaquilla), *Viguiera lanceolata* Britt. (sunchu), *Bidens pilosa* L. (sillkau), *Argemone mexicana* L. (cardosanto), *Sonchus oleraceus* L., 1753 Non Schur, 1866, Nom. Illeg (cerraja), *Nicandra physaloides* L. (qutu-qutu), *Euphorbia peplus* L. (leche leche), *Piquería peruviana* (Gmel.) Robinson (qapia qapia) y muchas por identificar. En algunos bosques, parte del ecosistema lo conforma pequeñas áreas de cultivo en secano. La diversidad de plantas atrae diversos invertebrados y vertebrados, siendo mucho más abundante en especies y especímenes en los meses lluviosos de enero a marzo, con relación a los meses secos y fríos de junio a setiembre. Entre los vertebrados más comunes se encuentran mamíferos (zorros, zorrinos, ratas, ratones y gato montés), reptiles (culebras y lagartijas), batracio (sapo) y aves (águilas, palomas, cernícalo, perdiz, chivillo, chiguaco y picaflor), además de moluscos (caracol), anélidos (lombriz) y diversos artrópodos (arañas, insectos, alacrán, ciempiés y milpiés). Dentro del grupo de insectos dañinos de la tuna, Flores y Ayala (1983, 1986), Flores et. al (1986) y Vilca (1998), destacan a una especie no identificada de la familia Nitidulidae (Coleoptera); asimismo, Vilca (1998) y Vilca y Aybar (1999) registran a *Leptoglossus* sp. (Hemiptera: Coreidae), *Schistocerca piceifrons peruviana* (Orthoptera: Acrididae), *Oiketicus* sp. o bicho del cesto (Lepidoptera: Psychidae), *Pseudococcus* sp. (Hemiptera: Pseudococcidae) y *Camponotus* sp. (hormiga basurera) (Hymenoptera: Formicidae); mientras que entre los predadores resaltan a *Polistes* spp. (Hymenoptera: Vespidae), *Prionix* sp. (Hymenoptera: Sphecidae), *Pepsis* spp. (Hymenoptera: Pompilidae), *Villa* sp. (Diptera: Bombyliidae), *Lochmorhynchus albicans* (Carrera & Andretta, 1953) (Diptera: Asilidae), *Epicauta* spp. (Coleoptera: Meloidae), *Pterostichus* sp. (Coleoptera: Carabidae), *Blaesoxipha caridei* (Brethes, 1906) (Diptera: Sarcophagidae), *Cicindela* sp. (Coleoptera: Carabidae), *Captopteryx* sp. (Mantidae) y otras diversas especies no identificadas. Corroboran con esta información Flores (1983) y Vilca (1998) cuando indican que muchas son las especies no identificadas de insectos que conforman el ecosistema de los tunales.

Por lo general, los insectos no identificados corresponden a la familia Cerambycidae, Buprestidae, Chrysomelidae, Scarabaeidae y Tenebrionidae de la Orden Coleoptera; Otitidae, Tabanidae y Dolichopodidae de la Orden Diptera; Nymphalidae, Pyralidae, Noctuidae, Hesperiidae y Geometridae de la Orden Lepidoptera; Acrididae de la Orden Orthoptera y Phasmidae de la orden Phasmatodea; sin duda enorme grupo de insectos que merecen ser sistematizados como una contribución al conocimiento científico de la entomología regional.

Entre los arácnidos predominantes se encuentran especies de las familias Oxyopidae, Salticidae, Argiopidae y Theridiidae. Además, Vilca (1998, 2004) y Vilca y Aybar (1999) indican que, entre los Arácnidos predadores de insectos de la tuna, destaca *Argiope* sp. (Araneida: Argiopidae), seguido de *Oxyopes* sp. (Araneida: Oxyopidae) y *Metaphidippus* sp. (Araneida: Salticidae), sin olvidarnos de los Thomisidae y Lycosidae.

Foto 19. Entrevista a Honorato Orellana Medina. Llamawillka, distrito de Quinua.

Foto 20. Inocencio Berrocal Rojas: Informante de la localidad de Wari.

Foto 21. Acopio de "upi" (chicha de cabuya). Localidad de Orcasitas. Pacaycasa.

Foto 22. Acopio de hoja seca de cabuya para uso diario como combustible en la cocina.

Foto 23. Acopio de vainas secas de tara.

Foto 24. Trozado de hoja de cabuya para el ganado.

Como se podrá entender, el bosque de tuna resulta tan complejo y diverso, aunque aparentemente pareciera todo lo contrario; se sabe que cuanto más complejo es el ecosistema, más estrecho es la relación entre sus componentes, a tal punto que cualquier alteración o cambio en la relación de algunos de ellos, repercute inmediatamente en la estabilidad del sistema; por ejemplo, durante años se ha registrado que la aplicación de insecticidas para el control de la langosta *Schistocerca piceifrons peruviana* en diferentes bosques gregarígenos, no sólo mata al acrídido, sino que también afecta a las plantas y principalmente al conjunto de animales que comparten espacio y los recursos vegetales en el lugar de la aplicación química. Las plantas herbáceas y toda la foresta son quemadas por el insecticida, unas en mayor o menor grado que otras. Las aves silvestres y los animales domésticos que radican o visitan el bosque son igualmente envenenados. Por otro lado, las aves insectívoras al consumir presas envenenadas mueren, y si sobreviven son presa fácil del zorro y gato montés. Los campesinos indican que el zorro se alimenta de la tuna fruta y de la langosta; según ellos, el carnívoro y las aves al consumir langostas envenenadas van a morir lejos, en lugares inaccesibles difícil de registrar.

Las abejas que migran de las áreas de cultivo de las partes bajas no regresan a su colmena, en tanto que la cochinilla y la población de *Argiope argentata* sp. se reducen al mínimo o prácticamente desaparece de las pencas tratadas. En general, la enorme fauna fitófaga y zoófaga se reduce al mínimo. De evaluaciones realizadas después de las aplicaciones químicas practicadas por el SENASA-Ayacucho en diferentes años y lugares gregarígenos para controlar a *Schistocerca piceifrons peruviana*, se ha logrado registrar diversas plantas quemadas, especialmente las cactáceas y los arbustos espinudos preferidos por la langosta como planta para el refugio. A la acción del insecticida, las plantas se tornan amarillentas, parduscas y por cierto quemadas; asimismo, se registran diversos insectos y otros animales incluyendo felinos predadors muertos en el entorno fumigado; razón por el cuial, con el paso del tiempo se incrementan los roedores que dañan las cosechas y a las plantas de tuna al no encontrar suficiente alimento.

Daniel Vega Pariona (informante). Guardián del Complejo Arqueológico de Wari.

CAPÍTULO II

Insectos Dañinos y Saprófagos de la Tuna

La tuna como fuente alimenicia de una diversidad insectos y otros animales del bosque.

Cochinilla del carmín, parásito de la tuna.

Coreidae transmisor de patógenos en los frutos de tuna.

2.1.1 Insectos Masticadores de la Tuna

La planta de tuna, como cualquier especie vegetal, es afectada por un gran número de especies de insectos masticadores, éstos dañan los diferentes órganos de la cactácea, muchos de los cuales en la actualidad son de enorme importancia económica para el campesinado recolector. Existen especies que dañan flores, frutos y pencas durante todo el año, en tanto que otras son ocasionales, pero igualmente importantes. También existen especies de escasa importancia o potencialmente dañina y muchos son simplemente visitantes ocasionales del ecosistema. Dentro de los masticadores más importantes destacan *Schistocerca piceifrons peruviana*, *Acromyrmex* sp., *Cryptarcha* sp., *Diabrotica* spp. y *Chloridea virescens* entre otros.

Schistocerca piceifrons peruviana Lynch Arribalzaga
(LANGOSTA, SALTAMONTE, AQARUWAY, AQARWAY)

Ubicación taxonómica

Orden	: Orthoptera
Suborden	: Caelifera
Superfamilia	: Acridoidea
Familia	: Acrididae (Locustidae)
Subfamilia	: Cyrtacanthacridinae
Género	: *Schistocerca*
Especie	: *Schistocerca piceifrons peruviana* Lynch Arribalzaga

Antecedentes

Como es de conocimiento de los entomólogos peruanos, *Schistocerca piceifrons peruviana* es un antiguo problema en la agricultura de la Región Centro Sur del Perú. En algunos años llega a ocasionar severos daños y enormes pérdidas económicas en los valles interandinos de Ayacucho, Huancavelica, Apurímac y parte del Cusco. Según la literatura peruana, el acrídido fue registrado como plaga en el año 1901; después del cual, los registros indican que existieron esporádicos incrementos de poblaciones del mencionado acrídido, de modo que entre 1904 y 1910 llegó a convertirse en verdadera plaga. A partir de 1911 "desapareció" súbitamente por varios años, para posteriormente en los años 1928, 1932, 1938 y 1940 volver a manifestarse en la condición de endémica (Wille, 1943 y 1945). Años más tarde, en 1964, Beingolea (1995) afirma haber observado en la provincia de Huanta, en el área conocida como Hatun Monte, una concentración de langostas adultas abarcando una extensión de 35 km x 15 Km. (525 Km^2), con una densidad media de dos parejas de langostas adultas en cópula y ovoposición por metro cuadrado; para aquella oportunidad el número total de especímenes de langosta lo estimaron en 2,100 millones de especímenes.

De acuerdo con los reportes de Wille (1943 y 1945) y Beingolea (1995), las gradaciones de langosta se tornan alarmantes, sólo cuando las condiciones del clima resultan favorable a la especie, caso escasa precipitación o precipitación moderada y clima caluroso, como ocurrió entre 1976 y 1977, luego en 1985 y 1990; razones por las cuales fue considerada plaga nacional mediante Decreto Supremo Nº 086-88-AG., de fecha 01 de setiembre de 1988. Al año siguiente, la Unidad Agraria de Ayacucho mediante Resolución Directoral Nº 0015-89-UA-Ayacucho (mayo de 1989), declara en emergencia el control de la langosta, resolución que fue refrendada por Decreto Supremo Nº 090-89-AG. (Beingolea, 1995). Últimamente entre 1997 y 1998, coincidiendo con la ocurrencia del fenómeno climático conocido como "El Niño", volvió a registrarse con población alta hasta el 2003, motivando preocupación entre los agricultores, recojo manual y aplicaciones químicas masivas por parte del SENASA-Ayacucho. (Observación personal).

Morfología

Huevo. Es de forma cilíndrica, algo adelgasado a los extremos y redondeado en la punta. La longitud y diámetro en promedio varía de 5.8 mm por 1.3 mm a 5.8 mm por 1.4 mm.

Ninfa I. Muestra el exoesqueleto muy suave al tacto. De color verde claro con pequeñísimas manchas y franjas oscuras distribuidas en todo el cuerpo. Al final de su desarrollo la longitud de cuerpo alcanza los 07.0 mm y sus antenas constan de 13 artejos.

Ninfa II. La coloración del cuerpo en este estadío varía de verduzco transparente a salmón transparente. Es la etapa en que aparecen los esbozos alares. La longitud del cuerpo alcanza 09.1 mm. y sus antenas 17 segmentos.

Ninfa III. El color del cuerpo es variable; puede ser salmón tenue a verdoso, salmón claro, hasta un salmón típico. Los esbozos alares son más desarrollados que en el estadío anterior, sobresale un poco la parte lateral del tórax y presentan estrías que corresponden a la venación. La longitud del cuerpo varia de 15.3 mm a 15.6 mm y sus antenas de 20 artejos.

Ninfa IV. Después de la tercera muda, el color del cuerpo de la ninfa varía de verde amarillento a salmón típico, pasando por un salmón rosáceo con manchas negras en la cabeza, tórax y patas. En este estadío los esbozos alares llegan a cubrir parte del primer segmento abdominal, no sobrepasa la altura de los tímpanos. La longitud del cuerpo alcanza los 19.0 mm y sus antenas consta de 22 segmentos.

Ninfa V. En este periodo las estructuras y coloración del cuerpo no varían con respecto al estadio anterior, solo que los esbozos alares alcanzan la altura de los tímpanos. La longitud del cuerpo varia de 27.4 mm a 29.6 mm y sus segmentos antenales aumentan a 24.

Ninfa VI. En este último estadío de desarrollo, la coloración del cuerpo en algunos especímenes varía de verde amarillento a verde oscuro, aunque en la mayoría se mantiene del mismo tono que en la Ninfa V. Los esbozos alares llegan a cubrir el tercer segmento abdominal, en tanto que la longitud total del cuerpo varía de 39.6 mm a 43.6 mm y sus antenas contienen 26 artejos.

Adulto. Cuando recien emergido es de color gris pajizo, a partir de los siete días va perdiendo gradualmente su tonalidad, llegando a los 30 días a tornarse de color pajizo amarillento en el caso de la hembra y amarillento en el del macho. En ambos sexos salpicado de manchas oscuras en diferentes partes del cuerpo, principalmente en las tegminas. Las patas muestran el mismo color del cuerpo, excepto el borde interno de los fémures, tibias y los tarsos de las patas posteriores que son de color rojizo. Por lo general las hembras resultan más grandes que los machos. La longitud del cuerpo varía de 45.6 mm a 49.5 mm en las hembras y 41.3 mm a 45.1 mm en los machos. El número de segmentos antenales se completa a 28 en ambos sexos.

Comportamiento

Los años en que el clima no resulta favorable para la langosta, la población es escasa y se encuentra refugiada en los bosques xerofíticos, alimentándose de gramíneas y órganos tiernos de *Acacia macracantha* (guarango), *Dodonaea viscosa* (chamana), *Schinus molle* (molle), "cabra cabra", *Opuntia ficus indica* (tuna) y diversas otras cactáceas silvestres. Atraviesa el periodo frío y seco de junio a setiembre agrupado a manera de enjambre en áreas estratégicas. Luego de soportar el periodo invernal y entrar en proceso de maduración sexual, se dispersa a lo largo y ancho del bosque, llegando mínimas poblaciones a los campos de cultivo, donde por lo general pasan inadvertidas.

Sucede entonces que, a partir de setiembre, cuando empieza a elevarse la temperatura y caer las primeras precipitaciones, no existen plantas verdes suficientes que puedan servir de alimento a la población en franca actividad. También en este periodo, los órganos sexuales del acrídido entran en proceso de maduración inducidos por el ascenso de la temperatura y humedad del ambiente; desarrollo de los órganos reproductivos que hace necesario que el acrídido disponga de suficiente reserva energética y proteica en su organismo, reservas que son muy bajas después de atravesar un largo periodo de ayuno; entonces, para cumplir con tale requerimientos nutricionales deben buscar y atiborrarse de tejidos vegetales rico en proteína y calorías. Para tales propósitos la langosta se dispersa en el bosque en busca de alimento, se aparea conforme transcurre los días y consecuentemente la hembra busca un lugar para la ovoposición. Debe entenderse que la maduración sexual en la población de langosta es gradual; en ese sentido, gradualmente también se van dispersando y ocupando el bosque en sentido horizontal y vertical, tratando de localizar su alimento y lugar de ovoposición. Precisamente durante el periodo de reproducción mencionado, el acrídido daña fuertemente los órganos fructíferos de la tuna, gracias a que esta especie vegetal y otras cactáceas empiezan antes que otras plantas a emitir gran cantidad de botón floral, al aprovechar de manera eficiente la escasa humedad del suelo, gracias a las primeras precipitaciones. Los órganos fructíferos de las cactáceas son una fuente rica en proteína y caloría a través de los sacos polínicos, los pétalos y todo el fruto verde.

Se ha determinado que el acrídido al alimentarse de la flor de tuna prefiere los sacos polínicos (Foto 25) y en seguida los pétalos (Foto 26). De existir escasez de alimento puede terminar el íntegro de la estructura floral e incluso los frutos verdes y en proceso de aduración (Fotos 27, 28 y 29). Similar comportamiento alimenticio se registra en la flor de *Echinopsis peruviana* conocido como sankay, o en *Opuntia subulata* (anku kichka) y en otras cactáceas; poblaciones de cactáceas silvestres que en un bosque de tuna es muchísimo menor; razón por la cual, la tuna es la que soporta a la ambrienta langosta y la que probablemete satisface sus requerimientos nutricionales juntamente con el follaje y corteza del huarango, de "cabra cabra", chamana, hojas de la cabuya, del molle, así como el de la retama, el maíz y la alfalfa en las quebradas o valles bajos. Se ha registrado que el daño en el botón floral de la tuna, antes de que ocurra la polinización (antes de que el botón floral se abra), impide el cuajado del fruto, mostrándose más tarde el fruto "pasmado", pequeño, agrio y con las semillas vanas; en conclusión, no hay desarrollo del fruto; asimismo, cuando dañan frutos cuajados, éstos no desarrollan, en otros casos dependiendo de la gravedad del daño se desarrollan deformes e insevibles para la coseha.

Paralelo a la dispersón de la langosta, diversas aves, insectos y arañas predadoras, caso *Falco sparverius* L. (cernícalo), *Phalcobaenus megalopterus* Mountain Caracara (aqchi), *Falco femoralis* Temminck (waman), *Geranoaetus melanoleucus* Vieillot, 1819 (anka) y avispas Pompilidae y Sphecidae atrapan a la langosta cuando se encuentran posadas o a pleno vuelo, en tanto que la "araña plateada" *Argiope argentata* lo captura con su red. Generalmente *G. melanoleucus* regresa en setiembre y poco después *P.*

megalopterus; mientras que *F. sparverius* se comporta como un predador residente y con dominio territorial. Este último, cuando detecta a las águilas en su dominio lo persigue haciendo piruetas en el aire, aunque al final comparte el territorio. El cernícalo tiene la particularidad de atrapar a la langosta y llevarlas a un lugar específico de consumo, que normalmente es el lugar de vigilancia, aún cuando la captura lo realiza a gran distancia, razón por el cual en el lugar donde el predador ingiere la presa se registra gran cantidad de patas y alas acompañado de abundante excreta del ave.

Ocurrida la ovoposición, la incubación de los huevos prospera si la precipitación se presenta con regularidad a partir de setiembre; de lo contrario, si las lluvias son esporádicas, irregulares y con "veranillos" prolongados, las posturas fracasan mientras no se normalice las condiciones climáticas de la época. Los registros de varios años nos indica que la ninfa "mosquilla" emerge en diciembre, vive agrupada por un corto tiempo y luego se dispersa en busca de alimento y plantas herbáceas que trepar, momento en el cual son presa fácil de *Cicindela* sp. (Coleoptera: Carabidae) y de otros predadores; días más tarde, transformada en "saltona", ésta tiene la característica y capacidad de trepar plantas de mayor porte que las "mosquillas". Prefiere el follaje del guarango y la penca tierna suculenta de la tuna, tanto para tomar baño de sol como para alimentarse. Dependiendo del inicio del periodo lluvioso, que éste se adelante o retrase, la saltona existe de enero a junio; periodo en el cual, coincidentemente en la planta de tuna existe un mayor número de pencas tiernas.

El nivel de daño ocasionado por la saltona depende de la población; cuando buen número trepa y alcanza los terminales superiores de la planta, daña por completo la penca tierna que por lo general no lo ahueca a pesar de que lo consume en grupo; al final la penca afectada se muestra desgarrada. Dependiendo de la gravedad del daño, el área afectada de la paleta (penca) con el tiempo se muestra de color marrón oscuro, deforme, carachoso, de aspecto grotesco y totalmente inútil para la implantación de la cochinilla (Foto 30).

La movilización de saltonas en la planta de tuna, ya sea al trepar o al saltar de una planta a otra muy cercana, conlleva a la caída de muchos especímenes en la red de *Argiope argentata* (araña plateada), sirviendo de presa. Usualmente se registra de uno a cinco especímenes de araña plateada por planta de tuna; población que nos induce reconocerle como la más común y abundante entre los arácnidos de los tunales. La araña en mención teje una enorme red entre las pencas de una planta o entre pencas de plantas vecinas, se ubica y se mantiene pacientemente en el centro del telar, esperando que la presa caiga en algún punto de la red; apenas siente la caída al vibrar los hilos, corre en busca de la víctima y lo envuelve con hilo transformándola en forma de momia para neutralizarla. Al observarla inmóvil, regresa a su posición habitual de reposo, no lo devora de inmediato. Asimismo, mientras las saltonas y las primeras adultas se movilizan en busca de alimento, son depredadas por *Falco sparverius* (cernícalo o killincho) y *Falco femoralis* (waman), acompañan a estas aves diversas otras águilas que regresan temporalmente al bosque. En esta etapa las saltonas y adultas de la nueva generación reciben aplicaciones químicas de parte de los agricultores y principalmente del SENASA.

La nueva generación de langosta adulta (hembra y macho con sus órganos sexuales inmaduros) emerge entre abril y junio; precisamente en este periodo es importante que la nueva generación alcance la fase adulta, y como tal se atiborre de alimento para acumular reserva energética, se agrupe luego en lugares estratégicos, de lo contrario como saltona se queda rezagada, solitaria, débil, enana y hasta podría sucumbir por efecto de las heladas nocturnas al no poder movilizarse como las adultas y no disponer de alimento al encontrarse la vegetación del bosque en proceso de secamiento acelerado. Ocurre entonces que al secarse rápidamente las plantas herbáceas y semi-arbustivas, la langosta dispone como único recurso alimenticio la pulpa azucarada del fruto de tuna sobremaduro, que muchas veces se muestran rajados o ahuecados por aves fruteras. Naturalmente en esta temporada existe gran cantidad de frutos sobremaduros dañados que no son acopíados y que más bien son aprovechados por la langosta (Foto 31). A pesar de todo, la población de frutos no satisface la necesidad alimenticia del acrídido, por ello tiene que aprovisionarse de materia vegetal de otras plantas que existen entre los tunales, caso chakanway, yanawarmi, marmaquilla, tumbo silvestre, molle, chamana, cabra cabra, guarango y la cabuya; siendo los arbustos "chakanway" y "cabra cabra", después de la tuna, las más perjudicadas, que al final se muestran totalmente defoliadas y descortezadas; en tanto que la chamana y el molle sólo son consumidos en caso de extrema ausencia de fuentes de alimento, de lo contrario tiene poca importancia en su dieta.

El adulto sexualmente inmaduro (adulto joven) pasa el periodo frío y seco de junio a setiembre refugiado en lugares estratégicos. En la temporada de invierno no se moviliza ni se alimenta, a veces lo hace de manera muy limitada en horas de mayor radiación solar y cuando en el área de refugio existe substrato alimenticio; atravieza el invierno sin probar bocado alguno. Pasado el invierno no se moviliza ni se alimenta, a veces lo hace de manera muy limitada en horas de mayor radiación solar y cuando en el área de refugio existe substrato alimenticio; de lo contrario, atravieza el invierno sin probar bocado alguno. También pasado el invierno maduran los órganos sexuales de la pareja y deben entrar en proceso de reproducción; sin duda, todo el proceso puede interrumpirse y consecuentemente posponerse la ovoposición hasta en el mes de noviembre, todo dependerá de como ocurra

Foto 25. Adulto de *S. piceifrons peruviana* alimentándose de los sacos polínicos de la flor de tuna.

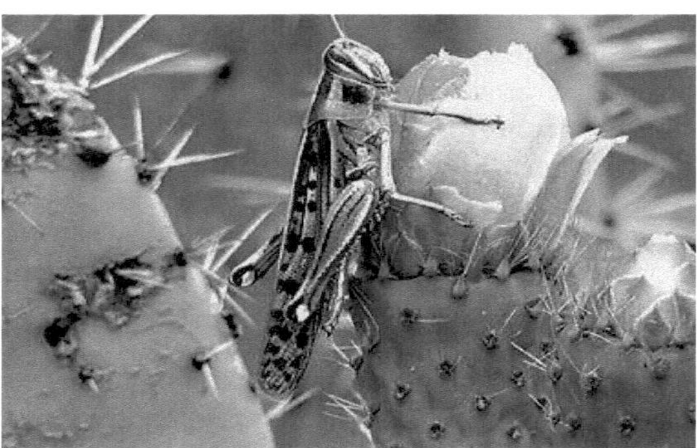

Foto 26. *S. piceifrons peruviana* alimentándose de pétalos de botón la floral.

Foto 27. Fruto verde de tuna dañado por *S. piceifrons peruviana*.

Foto 28. *S. piceifrons peruviana* alimentándose de los pétalos y el tálamo de la flor de tuna-frruta.

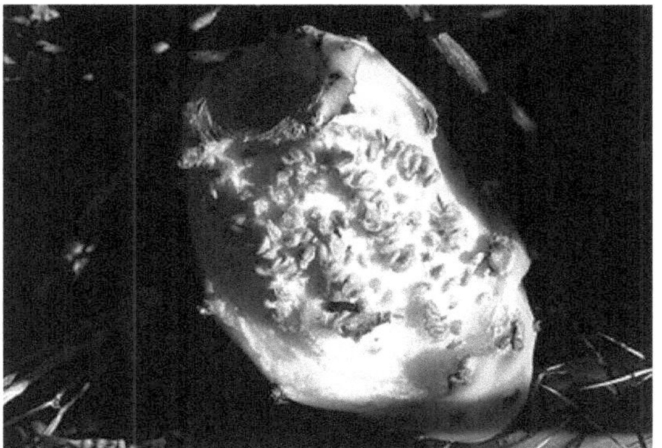

Foto 29. Fruto "pintón" dañado por *S. piceifrons peruviana*.

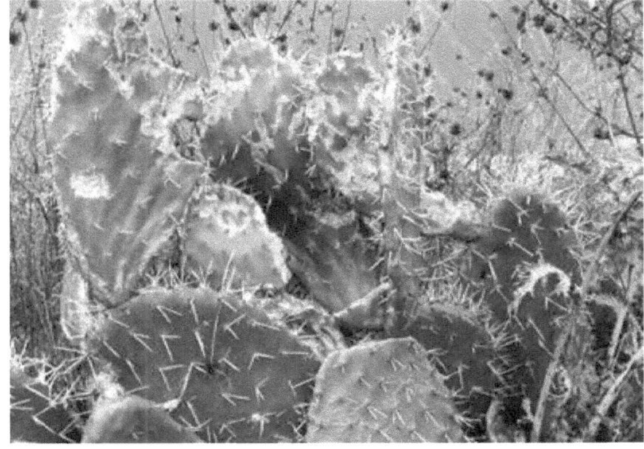

Foto 30. Pencas tiernas de toda una planta, totalmente dañadas por ninfas saltonas de *S. piceifrons peruviana*.

las precipitaciones a partir de primavera, cerrando así el ciclo de vida en cada generación.

Importancia económica

Por lo general, la voracidad de la langosta destruye gran cantidad de flor, fruto verde y penca tierna, aspecto que alarma a los lugareños cuando observa el perjuicio y el sobrevuelo numeroso de la población durante el día.

Se ha determinado que la langosta daña diferentes órganos de la tuna en tres periodos del año: 1) de enero a marzo las pencas tiernas por las ninfas mosquillas y saltonas, 2) de abril a junio la tuna fruta madura por los adultos sexualmente inmaduros, y 3) de setiembre a diciembre la flor y fruto verde por los adultos en pleno proceso de reproducción. Vilca (2015) determinó que como ninfa (etapa juvenil) logra dañar hasta un 35 % de pencas tiernas en el mes de marzo (Fig. 1), mientras que el adulto hasta un 28% de flores en noviembre (Fig. 2), en tanto que el 47% de los frutos verdes (Fig. 3) y 25 % de frutos próximos a la madurez (frutos de cosecha) en el mes de diciembre; afortunadamente, como indica el autor mencionado, dichos porcentajes de daños ocurren luego de alcanzar tanto las pencas tiernas, las flores y los frutos verdes la mayor población en la planta.

Como se indicó anteriormente, la elevada población del acrídido motiva preocupación y consecuentemente aplicaciones masivas de insecticida, tal como ocurrió a fines de los 80 y principios de los 90 del siglo pasado, donde el SENASA utilizó grandes volúmenes del insecticida cyhalothrina (Karate) (Foto 32). La aplicación química ocasionó desaparición de muchas colmenas de abeja y desarreglo del ecosistema, incrementando más tarde altas poblaciones de roedores (ratas) en diferentes comunidades, conforme recuerdan los campesinos. En el 2004, la aplicación de fenitrothion (Sumithion) en el Complejo Arqueológico de Wari, a un día después de la fumigación por el personal de SENASA, se registraron muerto 04 *Notiobia* sp. (Col.: Carabidae), 03 *Pterostichus* sp. (Coleoptera: Carabidae), 01 cucaracha de la familia Cryptocercidae, 07 espécimen de la familia Tenebrionidae y una ninfa saltona de *S. piceifrons peruviana* por metro cuadrado en el entorno de los "focos" de saltonas que recibieron aplicación (Foto 33); además, la tuna y otras cactáceas se mostraban amarillentas o quemadas por el producto. La cochinilla del carmín (*Dactylopius coccus*) prácticamente fue eliminada en las áreas tratadas. Más tarde los campesinos manifestaron que los carnívoros silvestres (gato montes) estaban desapareciendo, en tanto que la población de ratas venía en ascenso.

Medida de control

El control químico que se viene practicando contra la langosta debe ser replanteado en base al conocimiento pleno de los estados y estadios de desarrollo, de los lugares de cría, de las áreas de ovoposición en el bosque, y del comportamiento de sus depredadores con relación a los periodos del año en que el acrídido presenta mayor actividad y daño, así como de los factores biofísicos que determinan su densidad.

La propuesta debe estar encaminada a reducir los riesgos de contaminación y destrucción de la fauna en general; sobre todo en años en que se pronostica la ocurrencia de "El Fenómeno El Niño", por ser éste un factor, de acuerdo con los antecedentes, que induce a la explosión de la langosta.

Acromyrmex sp.
(HORMIGA CORTADORA, BASURERA, CUQUI O COQUI)

Ubicación taxonómica

Orden	: Hymenoptera
Suborden	: Apocrita
Superfamilia	: Formicoidea
Familia	: Formicidae
Subfamilia	: Myrmicinae
Género	: *Acromyrmex* Mayr 1865
Especie	: ¿*octospinosus*?

Antecedentes

En la literatura nacional y mundial, las especies del género *Acromyrmex* son conocidas como hormiga cortadora u hormiga basurera. Según Madrigal (2003), en América el grupo se encuentra distribuido entre los 33º latitud Norte y 33º latitud Sur; en otras palabras, desde Texas y Luisiana en los Estados Unidos, hasta Patagonia en Argentina. En lo que respecta a su distribución altitudinal, el mismo Madrigal indica que ocupan hábitats muy variados, desde tierras bajas de bosques, praderas y desiertos, hasta las altas montañas andinas, 3000 msnm en Colombia y 3500 msnm en los Andes de Argentina.

Foto 31. Adulto de *S. piceifrons peruviana* alimentándose de fruto sobre-maduro y rajado.

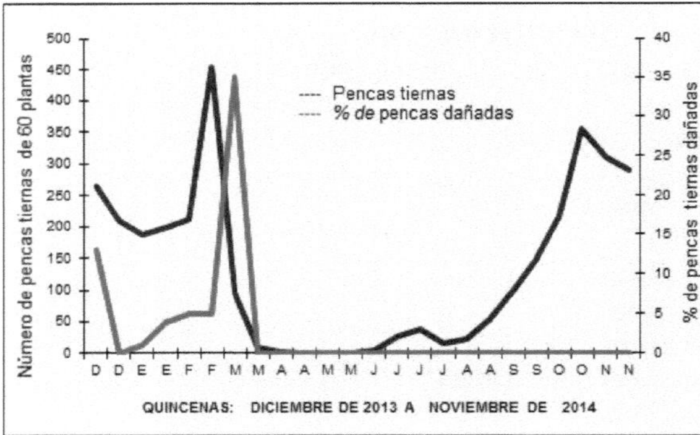

Figura 1. Porcentaje de pencas tiernas dañadas por ninfas de *Schistocerca piceifrons peruviana*. Wari, Dic. 2013 a Nov. 2014 (Vilca, 2015).

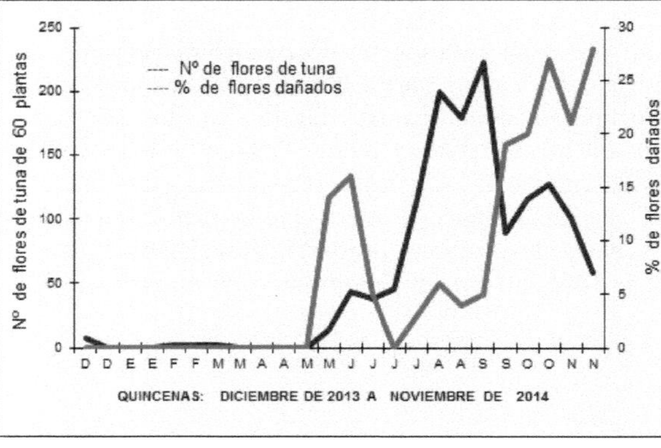

Figura 2. Porcentajes de flores de tuna dañados por adultos de *Schistocerca piceifrons peruviana*. Wari Dic. 2013 a Nov. 2014 (Vilca, 2015).

48

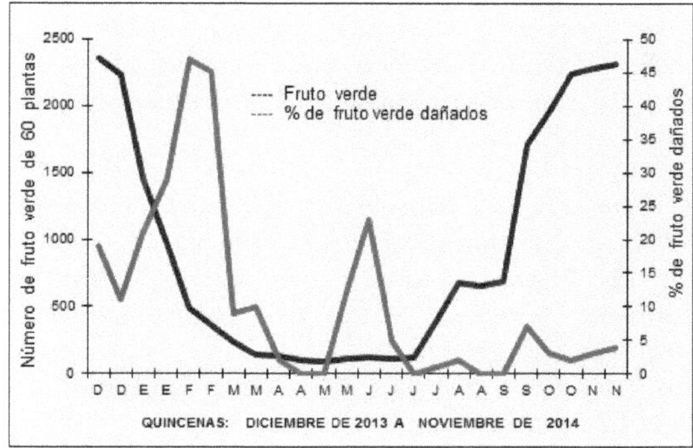

Figura 3. Porcentaje de fruto verde de tuna dañado por adultos de *Schistocerca piceifrons peruviana*. Wari Dic. 2013 a Nov. 2014. (Vilca, 2015).

Foto 32. Aplicación de insecticida contra *S. piceifrons peruviana* en bosque de tuna de Wari.

Foto 33. Mortalidad de "ninfas saltonas" de langosta y otros insectos, luego de la aplicación de insecticida.

49

En cuanto a especies registradas para el Perú, Pardo (1964) reporta a *Acromyrmex subterraneus peruvianus*. Borgmeier (1940) y Alata (1973) a dos especies: *Acromyrmex hispidus* y *Acromyrmex landolti*; por su parte Escalante (1991) registra 12 especies del mismo género separados en dos subgéneros:

1). Subgénero *Acromyrmex* con las especies *A. aspersus* Fr. Smith, *A. coronatus* Fabricius, *A. coronatus andicola* Emery, *A. coronatus panamensis* Forel, *A. hispidus* Santschi, *A. hystrix* Latreille, *A. octospinosus inti* Wheeler, *A. rugosus* Fr. Smith, *A. subterraneus* Forel y *A. subterraneus peruvianus* Borgmeir.
2). Subgénero *Moellerius* con las especies *Moellerius landolti* Forel y *Moellerius landolti balzani* Emery.

Otras especies caso *Acromyrmex subterraneus*, *Acromyrmex rugosus* y *Acromyrmex aspersus* se encuentran en Colombia, *Acromyrmex landolti* en Colombia, Brasil y Paraguay, *Acromyrmex octospinosus* en Colombia y Trinidad, *Acromyrmex striatus* en los andes argentinos; en tanto que *Acromyrmex octospinosus* y *Acromyrmex lundi* en toda Suramérica (Madrigal, 2003).

Morfología

Las obreras de *Acromyrmex* sp. registradas en los bosques de tuna de Ayacucho, miden de 08 a 09 mm de longitud, son de color marrón caoba, con el pedicelo abdominal constituido por dos segmentos. Las carinas frontales están separadas y cubre más o menos las inserciones antenales. Como carácter diferencial presenta en el tórax cuatro pares de espinas dorsales; de los cuales, los dos primeros son grandes, mientras que el tercer par más pequeñas y el cuarto algo más grande que los dos primeros y doblados hacia atrás; además lleva un par de pequeñas espinas en cada carina frontal y ocho pares en la parte posterior dorsal de la cabeza, a ambos lados de la línea media del cuerpo.

Caaracterística del hormiguero

En los bosques de tuna, el nido u hormiguero de *Acromirmex* sp. es fácilmente reconocido por la presencia de montículos de desperdicio a manera de aserrín, alrededor de las ventanas o "bocas del nido"; de allí su nombre común de hormiga basurera. Normalmente existen varias ventanas o bocas por donde transitan las obreras; asimismo, el número de colonias en el bosque es numerosa en espacios cercanos, de donde por lo general nuevas reinas abandonan el hormiguero en busca de otros espacios para formar otro nuevo, especialmente cuando la colonia es vulnerada por la presencia de animales y el hombre.

Comportamiento

En cuanto a la actividad y daño de las obreras fuera del nido, Vilca (2009) indica que la mayor población se registra de noviembre a diciembre y luego con mayor densidad en enero del año siguiente, alcanzando el pico más alto a mediados de enero (Fig. 4); mientras que, a partir del mes de febrero, la afluencia de obreras fuera del nido desciende bruscamente a consecuencia de las altas precipitaciones, que por lo general en años lluviosos vienen en ascenso desde el mes de octubre del año anterior. Asimismo, no salen del nido a partir de abril hasta la primera quincena de agosto. Su permanencia en el interior del nido guarda relación con la temporada seca y fría del año. Precisamente la sequedad del suelo y el descenso de la temperatura se inicia en abril y desciende al mínimo en el mes de julio, periodo en el cual el formícido se refugia en su hormiguero. Sin duda a partir de agosto, apenas empieza elevar la temperatura en el ambiente, las colonias de hormigas entran en actividad plena. Al respecto, el mismo Vilca (2009) con base a su

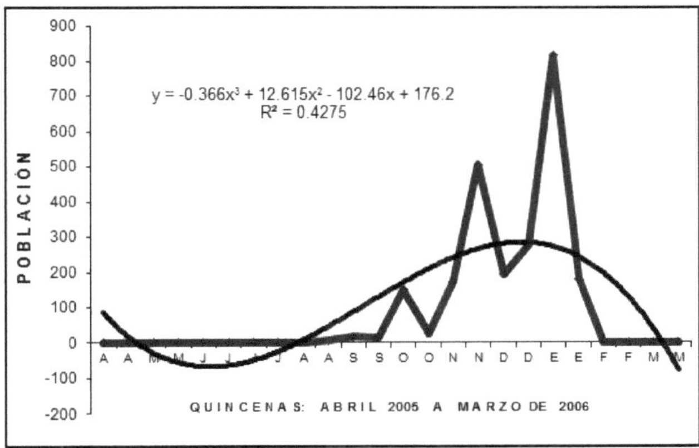

Figura 4. Fluctuación poblacional de *Acromyrmex* sp. en plantas de tuna del bosque de Waripampa, Ayacucho (Vilca, 2009).

investigación realizada en el bosque de tuna de la localidad de Waripampa (Quinua, Ayacucho), determinó que en agosto *Acromyemex* sp. sale fuera del nido con población baja, actividad que coincide con el inicio del ascenso de la temperatura promedio; es decir, asciende de 14.90 ºC en julio (Prom. más bajo del año) a 16.30 ºC en el mes de agosto; condición climática que permite mejorar la actividad de las obreras y aumentar la población fuera del nido conforme transcurren los días, mientras la temperatura continua en ascenso hasta alcanzar el máximo promedio el mes de noviembre (19.30 ºC). Es de entender que en el mes de agosto la vegetación herbácea del bosque de tuna se encuentra totalmente seca, existen escasísimas flores de la cactácea y todavía no aparecen pencas tiernas; entonces, por necesidad las obreras empiezan a cortar y acarrear pedazos de pétalos secos de las flores de tuna que se encuentran a manera de "puchos" (estructuras secas de la floración pasada) en el suelo (Foto 34), a veces los "puchos" se encuentran humedecidas por las esporádicas e inusuales precipitaciones; de lo contrario cortan las pencas del año o pencas más añejas al no encontrar tejidos tiernos, especialmente cuando las precipitaciones se retrasan hasta diciembre. En el caso de dañar pencas de un año, lo termina cortando por pedazos (Foto 35); mientras que en la penca de más de un año (penca añeja), primero hace un agujero en la epidermis o aprovecha el daño de los animales y, a través de los cuales avanza cortando toda la pulpa hasta terminarlo por completo, dejando la "piel" intacta (Foto 36).

A partir de setiembre, cuando aparece gran cantidad de botones florales y brotes de paleta y, cosecuentemente flores y pencas tiernas, la actividad y daño de las obreras se concentra sobre dichos órganos. Es natural que en primavera el bosque de tuna viene de atravesar un periodo prolongado de sequía, el suelo recién se encuentra acumulando humedad por la caída de las primeras precipitaciones, las semillas de las malezas entran en proceso de germinación; mientras que los pastos naturales, los árboles y arbustos muestran signos de brotamiento; comportamientos fenológicos de las plantas por las cuales la hormiga no encuentra mejor oportunidad que cortar y acarrear pedazos de penca madura, tejidos del botón floral, pétalos de la flor y de toda la estructura floral de la tuna (Fotos 37, 38 y 39) y de otras cactáceas, o pedazos de penca tierna (Fotos 40 y 41) y la cáscara de los frutos verdes y "pintones" (Fotos 42, 43 y 44), mostrándose más tarde "carachosos", tanto el órgano fructífero y la penca tierna.

Además de dañar a la tuna, la hormiga se ha convertido en un problema serio en plantaciones de *Caesalpinia spinosa* (tara) cultivada. Las plántulas de tara luego de trasplantadas son desbrotadas y defoliadas totalmente, mereciendo control químico; en tanto que en los bosquetes de la leguminosa cortan las flores para acarrear al nido.

Al iniciar el verano lluvioso en enero y regularizarse luego las precipitaciones, apenas empiezan a rebrotar los pastizales y arbustos del campo, menor población de obreras trepa a la planta de tuna; mas bien en horas despejadas y a pleno sol del día se les observa acarreando pedazos de hojas y flores de las diversas malezas y arbustos. Meses más tarde, a partir de abril, cuando cesan las precipitaciones y empieza a secarse el campo, paralelo al descenso gradual de la temperatura en el ambiente, la actividad de la hormiga fuera del nido es mínima, si salen fuera acarrean pedazos de hojas del arbusto conocido como "chakanway", hojas de *Schinus molle* (molle) y de tara, de lo contrario se les observa expulsando desechos del interior del hormiguero y acumulándolo alrededor de las ventanas o bocas;

trabajo que cesa por completo los primeros días de junio. En la temporada última descrita, las obreras que salen el nido son depredadas por aves que frecuentan la "basura" del nido y por la "lagartija de los tunales".

Con respecto a la voracidad de la hormiga en la tuna, se ha determinado que en corto tiempo puede destrozar completamente los órganos florales de varias pencas de toda una planta y pasar a otras vecinas para realizar el mismo daño. Por ejemplo, en un hormiguero, cuyo radio de acción de las obreras abarca un espacio de 50 metros a la redonda aproximadamente, logran dañar hasta un 80 por ciento de flores y frutos verdes, gravedad de daño que coincide con el inicio de la temporada lluviosa. En todo caso, la hormiga prefiere cortar los pétalos, sépalos, pistilos y estambres de la flor de tuna, antes que otros órganos, luego del cual puede avanzar hacia el tálamo de la misma flor al no existir las estructuras de su preferencia. Sin duda, cuando el daño ocurre antes de la polinización, la flor queda castrada, incapaz de continuar con su desarrollo normal.

Por lo general, el daño ocasionado al botón floral tiene como respuesta la transformación en un fruto pequeño, "acocopado" (duro y agrio a la madurez) e internamente con las semillas atrofiadas (Foto 45), mientras que el daño ocasionado luego de ocurrir la polinización no interfiere con el desarrollo del fruto, logrando incluso madurar en forma normal, siempre y cuando no haya sido afectado el tálamo.

En otros casos, una vez terminada de cortar las estructuras florales de toda una penca y pasar a otra y otra penca hasta terminarlo por completo de toda una planta y plantas vecinas; empiezan a dañar el área cóncava del tálamo, que al final se seca y momifica; puede también descascarar los frutos cuajados y en proceso de crecimiento, o las gloquídeas y futuras espinas de las pencas tiernas, incluso daña la propia penca tierna y el fruto maduro; formas de daño que persiste durante todo el periodo de cosecha de la tuna fruta (enero a marzo), aunque cada vez con menor intensidad cuando empieza el brotamiento de los pastos y arbustos del bosque. Los frutos parcialmente dañados después de ocurrida la polinización pueden continuar su desarrollo en forma normal, aunque externamente la cáscara se muestra carachosa y deforme. En todos los casos, cualquiera sea el nivel de daño, son inservibles para la comercialización. En general, en las áreas con presencia de la hormiga cortadora se observan en las plantas de tuna un gran número de frutos desgarrados, carachosos, pencas tiernas "afeitadas", cortadas y gran número de frutos momificados (secos) por el daño. En cuanto a la preferencia de *Acromyrmex* por los diferentes órganos de la planta de tuna, durante un año en la planta de tuna (24 evaluaciones), el 38.28 % de la población fue contabilizada cortando en pedazos el fruto, desde verdes hasta maduros; en tanto que el 30.35 % solamente transitando sobre las pencas añejas; en este caso, de ida hacia las partes superiores de la planta o

Foto 34. *Acromyrmex* sp. cortando pétalos secos de la flor (pucho) de tuna en el suelo.

Foto 35. *Acromyrmex* sp. cortando en pedazos penca de un año.

Foto 36. *Acromyrmex* sp. cortando la pulpa de penca añeja.

Foto 37. *Acromyrmex* sp. cortando pétalos y estambres de la flor.

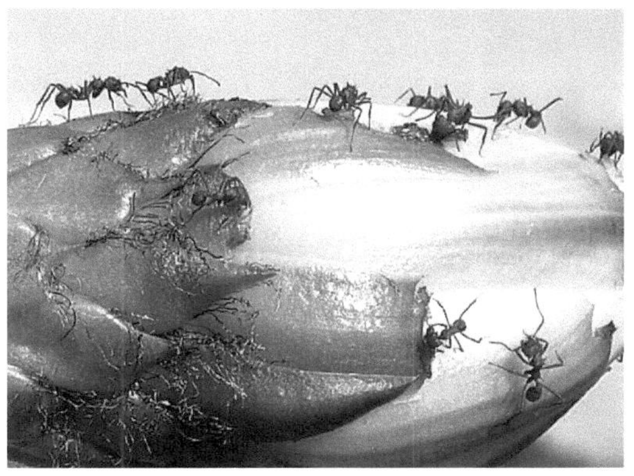

Foto 38. *Acromyrmex* sp. cortando pétalos de la flor de "sankay".

Foto 39. *Acromyrmex* sp. terminando de cortar estambres y pétalos de la flor de tuna.

Foto 40. *Acromyrmex* sp. cortando las gloquídeas de penca tierna.

Foto 41. Penca tirna deformada como producto del daño de *Acromyrmex* sp.

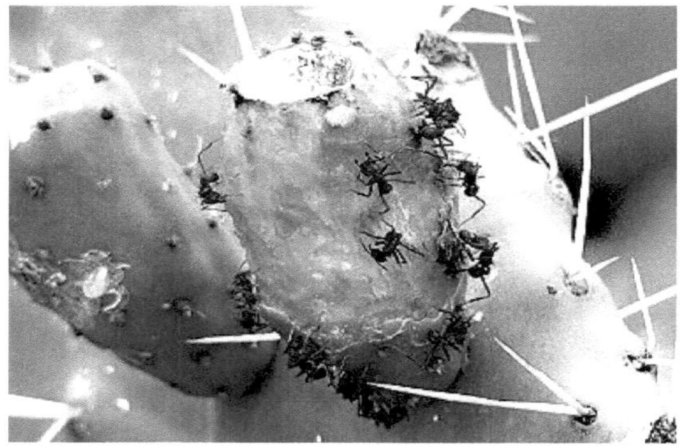

Foto 42. *Acromyrmex* sp. cortando la cáscara de fruto verde.

Foto 43. Fruto verde mostrándo la cáscara "carachosa", por el daño de *Acromyrmex* sp.

Foto 44. *Acromyrmex* sp. cortando la cáscara de fruto "pintón" dañado por ave frutera.

Foto 45. fruto verde pasmado y las semillas atrofiadas por el daño de *Acromyrmex* sp., cuando en estado de botón floral

de regreso acarreando pedazos de tejidos o sin ello; asimismo, indica que el 16.45 % cortando los botones florales o los pétalos de la flor y el 14.82 % de la población restante dañando las pencas tiernas;   poblaciones indicadas que guarda relación con el 68.53 % de frutos dañados, 18.03 % de flores dañadas, 14.92 % de pencas tiernas dañadas (Fig. 5) y el 1.07 % de pencas añejas dañadas (Fig. 6).

Importancia económica

Acromyrmex sp. es uno de los insectos más importantes y dañinos de la tuna y tara en Ayacucho. Por la abundancia de hormigueros de manera generalizada en los bosques de ambos recursos naturales, y de manera particular en las plantaciones cultivadas, debe merecer la atención necesaria y formular un Programa de Administración Integral.

Es meritorio resaltar que el daño de *Acromyrmex* sp. en la tuna sólo puede ser comparado con el de la langosta, con quien compite por los mismos órganos vegetativos; aunque el daño del formícido es más evidente debido a que actúa en grupo y de manera focalizada; en tanto que la langosta generalmente lo hace de forma parcial, algunas veces total y dispersos en todo el bosque; no obstante, a pesar del daño bastante manifiesto en la tuna y en la tara, la hormiga no ha merecido alguna medida de control por parte de los campesinos, excepto en las plantaciones comerciales de la tara, donde por la gravedad del daño, los productores vienen espolvoreando insecticidas a las plántulas, sin ninguna orientación técnica.

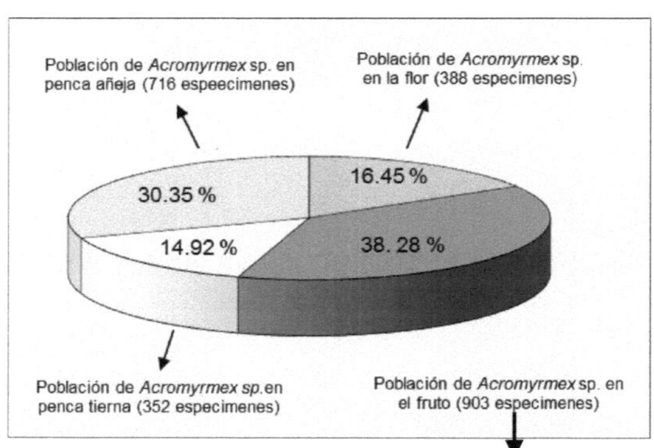

Figura 5. Población de *Acromyrmex* sp. registrada en diferentes órganos de la tuna. Bosque de Waripampa. Quinua-Ayacucho (Vilca, 2009).

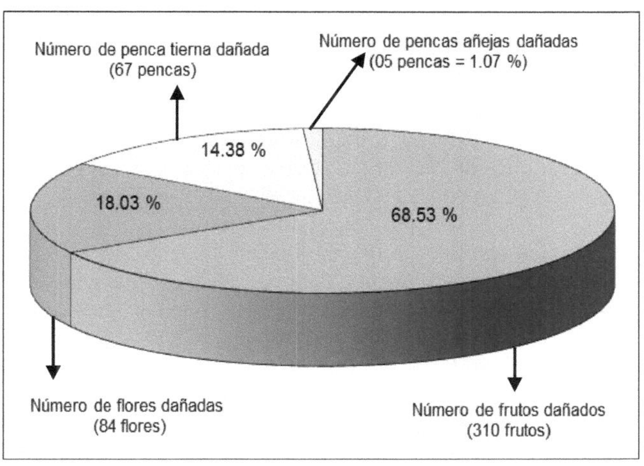

Figura 6. Porcentaje de pencas y órganos fructíferos de tuna dañados por *Acromyrmex* sp. Waripampa, Quinua-Ayacucho (Vilca, 2009).

Medida de control

Una práctica sencilla consiste en ubicar los nidos y en éstos las "bocas o ventanas", luego perturbarlas permanentemente removiéndolos con pico. Se ha comprobado que en los hormigueros donde las perdices escarban y los cerdos remueven los desechos o basuras expulsadas por la hormiga, las colonias desaparecen, lo mismo ocurre cuando los nidos se encuentran establecidos cerca de caminos o el de transito de los animales de pastoreo.

Diabrotica speciosa y *Diabrotica decempunctata*

(INSECTOS MASTICADORES DE LA PENCA)

Ubicación taxonómica

Orden   : Coleoptera
Suborden   : Polyphaga
Superfamilia   : Chrysomeloidea
Familia   : Chrysomelidae
Subfamilia   : Galerucinae
Género   : *Diabrotica*
Especies   : *Diabrotica speiosa* Germar, 1824
                   Diabrotica decempunctata Latreille, 1813

Antecedentes

Diabrotica speciosa es oriunda de Suramérica, se encuentra en Costa Rica, México, Panamá, Argentina, Bolivia, Brasil, Colombia, Ecuador, Guayana Francesa, Paraguay, Perú, Uruguay y Venezuela. La larva de esta especie se alimenta de raíces de maíz, trigo, maní, soya, papa y varios otros cultivos; en tanto que el adulto de las hojas, flores y frutos de diversas plantas, especialmente de cucurbitáceas (OEPP/EPPO, 2005).

Para el Perú no se dispone de mayores referencias al respecto. Los unícos corresponde a *Diabrotica speciosa* citada por Wille (1952) y posteriormente por Carrasco (1967, 1987) para el Cusco y Apurímac; por su parte Vilca (1999) indica que varias especies del género *Diabrotica* son muy comunes en diversos cultivos, tanto en las quebradas (zona baja) como en las partes altas de Ayacucho, siendo de mayor importancia en cultivos de *Solanum tuberosum* (papa) y *Ullucus tuberosus* (olluco); mientras que Flores *et al.* (1983) concideran a *Diabrotica* spp. entre los insectos del bosque raleado de tuna de la localidad de Atoqpampa, Ayacucho.

Morfológía

El adulto de *Diabrotica speciosa* es de color verde, con tres manchas ovales amarillas en cada élitro. Mide de 5.5 a 7.3 mm de longitud y sus antenas de 4 a 5 mm. Los huevos son ovoides, de aproximadamente 0,74 X 0,36 mm, de color blanco claro a amarillo pálido. La larva mide alrededor de 8.5 mm de longitud a la madurez, es de color blanco tiza, subcilíndrica, con la cápsula cefálica de color marrón claro (Defago, 1991; reportado por OEPP/EPPO, 2005). En el caso de *Diabrotica decempunctata*, éste es de color verde mate, con dos manchas rojizas y dos puntos negros en cada uno de sus élitros. Mide 07 mm de longitud. Se desconoce aspectos de su biología, pero es razonable que su larva tenga el mismo comportamiento que la de *Diabrotica speciosa*.

Comportamiento

La actividad y voracidad de las diabróticas es mayor a pleno sol, momento en el cual se les puede registrar perforando las hojas de su planta hospedante o trasladándose ágilmente de una planta a otra. En esa situación, cuando la población de diabróticas es numerosa, las hojas dañadas se muestran totalmente agujereadas, aspecto que es muy crítico durante el crecimiento y desarrollo de los cultivos, particularmente desde la germinación hasta la plena floración. En caso de papa, prefieren plantas agostadas, especialmente las llamadas "guachas" de campos en descanso, en donde por lo general compiten con *Epitrix* spp. y de donde migran a los campos de cultivos en crecimiento y desarrollo, y de allí a los bosques de tuna vecinos, particularmente cuando las cosechas entran en proceso de maduración.

En los bosques de tuna, ambas diabróticas resultan muy importantes debido a que se alimentan de las flores, frutos verdes, jugos de frutos maduros y también de pencas tiernas. De las dos especies registradas, *Diabrotica decempunctata* predomina sobre *Diabrotica speciosa*, tanto por su densidad, voracidad y daño que ocasiona. Se reconoce que la densidad de ambas especies está determinada por la altitud. *Diabrotica decempunctata* aumenta en población a mayor altura, en tanto que *D. speciosa* persiste y se mantiene en las quebradas o partes bajas con cultivos permanentes. Sin duda ambas son favorecidas por los periodos secos conocido como "veranillos" (ausencia de precipitación) dentro de la época lluviosa, momento en el cual se atiborran de los órganos tiernos de la tuna, aun cuando en esa temporada existen pequeñas áreas de cultivos (cebada, trigo o arveja) cerca a los tunales, así como diversas plantas silvestres dentro y fuera del bosque. Se ha determinado que el daño es mayor cuanto mayor es el número de especímenes infestantes por penca atacada, especialmente al finalizar el periodo lluvioso (abril y mayo), debido a que en esta temporada en el bosque las plantas, tanto cultivadas y silvestres, entran en proceso de madurez y secamiento, al tiempo que las poblaciones de ambos crisomélidos se encuentran elevadas y no encuentran mejor alimento que las pencas tiernas que todavía existen; luego del cual, durante todo el periodo frío y seco de junio a setiembre, que a veces se prolonga hasta diciembre cuando las precipitaciones se retrasan, se concentran en las áreas de cultivo bajo riego de las quebradas. Como es característico de este género, su actividad y vivacidad es mayor a pleno sol, momento apropiado en que sobrevuelan con mucha agilidad de una planta de tuna a otra en busca del botón floral para alimentarse de los pétalos (Foto 46) y del polen de las flores (Foto 47). Luego de saciado su apetito vuelan entre las plantas de tuna en busca del jugo azucarado de frutos maduros dañados (Foto 48) y pencas tiernas (Foto 49). Desafortunadamente para ambos crisomélidos, durante el tránsito entre las plantas caen de manera intempestiva en la red de *Argiope* sp. (araña plateada) y consecuentemente sirve de presa al arácnido (Foto 50). Normalmente en una penca tierna se puede registrar de uno a más de ocho adultos masticando el tejido suculento, dejando a su paso sus excretas en abundancia. Dependiendo de la población infestante y el tamaño de la penca, ésta puede quedar parcial o totalmente desgarrada en una o ambas caras de la paleta. Con el tiempo, conforme la penca continúa su desarrollo, el área dañada se torna marrón oscuro, que luego se cicatriza, mostrándose al final totalmente deforme (torcida), similar a las dañadas por *Chloridea viresens*, por "saltonas" de *Schistocerca piceifrons peruviana*, por *Acromyrmex* sp. o por *Cryptarcha* sp., con quienes compite por el mismo substrato alimenticio; en tanto que los daños en los pétalos y el polen de la flor de tuna no adquieren mayor importancia.

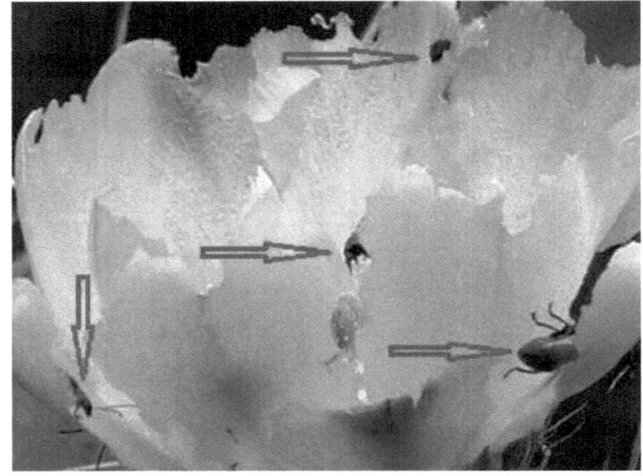

Foto 46. *Diabrotica speciosa* explorando pétalos de la flor de tuna.

Foto 47. *Diabrotica decempunctata* explorando el polen de la flor de tuna.

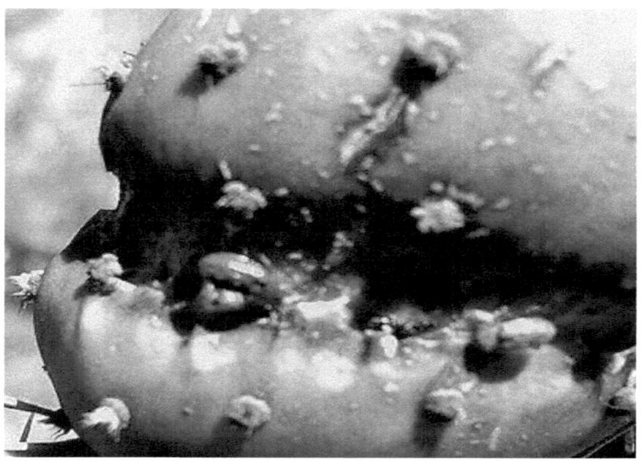

Foto 48. *Diabrotica speciosa* explorando el jugo de tuna fruta madura y rajada.

Foto 49. Daño de *D. decempunctata* en penca tierna.

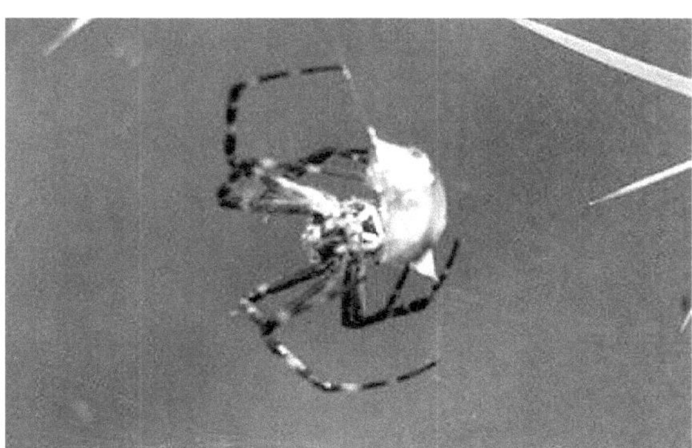

Foto 50. *Diabrotica speciosa*, predada por *Argiope argentata*.

Foto 51. *Podisus* sp. sucsionando hemolinfa de *Diabrotica speciosa*.

Importancia económica

En la tuna, ambas diabróticas se comportan como plaga potencial. Sólo en algunas ocasiones el daño de ambos masticadores es muy notorio, sobre todo en las pencas tiernas. A pesar de ello, debido al tamaño pequeño del insecto, la extensión del bosque y por el poco interés del campesino, pasan desapercibidos en la tuna. El campesino recolector no reconoce al insecto, tampoco lo descubre haciendo daño, aun cuando se presenta con buena población. Tampoco se preocupa al encontrar las pencas tiernas dañadas, deformadas y carachosas.

Medida de control

En la actualidad no amerita controlarlas en la tuna, tampoco se han ensayado alguna práctica de control contra ellas, excepto de manera indirecta cuando el campesino aplica químicos contra ninfas saltonas de langosta al localizarlo en el perímetro de su parcela de cultivo, o contra *Macrosiphum euphorbiae* en su parcela de arveja que puede encontrarse dentro o contiguo al bosque de tuna.

Como parte del control natural, buena población de diabróticas adultas son atrapados en la red de *Argiope argentata* o son depredadas por *Podisus* sp. (Foto 51) y probablemente por otros agentes.

Cryptarcha sp.
(BARRENADOR DE FRUTO Y PENCA)

Ubicación taxonómica

Orden   : Coleoptera
Suborden   : Polyphaga
Superfamilia   : Cucujoidea
Familia   : Nitidulidae
Subfamilia   : Cryptarachinae
Género   : *Cryptarcha* Shuckard

Antecedentes

Raven (1988) menciona que especies del género *Cryptarcha* Shuckard se encuentran bien representado en el Perú. Para Ayacucho, Flores *et al.* (1983), Flores *et al.* (1986), Vilca (1988) y Terry (2000), refiriéndose a *Cryptarcha* sp. mencionan que entre los artrópodos dañinos de la tuna se encuentra un Nitidulidae (Coleoptera); siendo según los autores mencionados el insecto más abundante en época de floración y fructificación de la cactácea. Recientemente, Vilca-Vivas *et al.* (2023) al igual que los otros autores lo precisan que el nitidúlido se alimenta de pencas tiernas, de frutos verdes, de polen y de la pulpa de la tuna fruta madura; en el caso último, aprovechando el daño ocasionado por *Turdus chiguanco* L. (chiguaco) y por otras aves. Según los mismos autores, los frutos dañados pueden encontrarse en la penca y en el suelo mayormente, debido que el campesino los "picados" lo deja caer o cuando al seleccionar la cosecha para el mercado, muchos son abandonados. Por su parte, Terry (2000) registró de 02 a 10 adultos por fruto dañado.

Morfológía

Las características morfológicas del "nitidúlido de la tuna" fue descrita por Flores *et al.* (1983), quienes describen que existe marcado dimorfismo sexual entre el macho y la hembra, aunque no como carácter definitivo; lo es más bien la forma como los élitros cubren o no el pigidio. Según los autores en el macho el abdomen está cubierto completamente, en tanto que en la hembra lo deja descubierto a manera de un pequeño triángulo. La coloración del cuerpo de ambos sexos es negra, con manchas naranjas de forma alargada y bordes irregulares en los élitros, aunque según los autores existen un 07 % a 08 % de especímenes hembras o machos que no presentan mancha alguna en los élitros y son completamente negros. Indican también que la longitud y grosor de las manchas son variables, siendo por lo general más alargadas en las hembras que en los machos. Las manchas siempre tienen su origen en la unión del protórax y el élitro y es cercano al scutellum. Como adulto mide 4.5 mm de longitud el macho y 05 mm la hembra, en promedio.

Los huevos son de color blanco opaco, alargados, con los extremos algo redondeado. Miden 02 mm de largo por 01 mm de ancho. La larva es de tipo carabiforme, fotofoba, de color blanco transparente a blanco cremoso según su desarrollo. Muestra la cabeza y mandíbulas de color marrón oscuro. El tórax lleva patas cortas, con uñas tarsales de color marrón claro. El abdomen es ahusado al extremo y alcanza los 11 mm de largo por 3 mm de ancho antes de empupar. La pupa de tipo exarate, de color blanco cremoso (Ayala y Flores, 1986).

Biología

Con respecto a la biología del Nitidulidae (*Cryptarcha* sp.), Ayala y flores (1986) determinaron que el barrenador tiene una sola generación al año. El periodo reproductivo está concentrado de enero a abril, meses en los cuales ovopositan en masa de hasta 30 unidades en lugares secos. Según los mismos autores el periodo de incubación de los huevos varía entre 12 a 14 días, dando origen a larvas carabiformes que se alimenta de materia orgánica, permanecen en ese estado por un periodo de seis meses debajo del suelo hasta unos   04 ó 05 cm de profundidad en cámara de tierra elaborada por la propia larva, en tanto que la pupa permanece de 30 a 45 días, para luego dar origen al adulto; afirmaciones que no es concordante con nuestras observaciones, por cuanto en el campo las larvas se le encuentra en las pencas en descomposición, la fase larval es corta y no seis meses como menciona Ayala y flores. Luego de completar el desarrollo larvario abandona la penca podrida para enterrarse en el suelo y probablemente transformarse en prepupa y pupa que más bien podría durar hasta seis meses. Al finalizar el ciclo de desarrollo de la larva, la penca hospedante queda totalmente descompuesta, mostrando internamente el tejido fibroso a manera de zaranda o panal de abeja, que en conjunto se va secando hasta convertirse en leña para el campesino.

Comportamiento

El adulto del Nitidulidae es muy vivaz a pleno sol. Vuela de una planta de tuna a otra en busca de substrato alimenticio o substrato para desovar. En la tuna mayormente se posesiona en el botón floral y la flor, tiende a esconderse entre los estambres y pétalos cuando es molestado; en tanto que otros se alborotan y se dejan caer, perdiéndose en la vegetación herbácea o se introduce por entre las grietas dentro del suelo.

De observaciones realizadas durante varios años en diferentes bosques de tuna, se ha determinado que las primeras precipitaciones de otoño (setiembre) induce a la emergencia de adultos (hembra y macho); entonces aparecen algunos especímenes infestando las escasas flores de la tuna; sin duda, conforme transcurren los días su población va en ascenso, paralelo al incremento del órgano floral de la cactácea; tal es así que en la temporada de máxima floración, de octubre a noviembre, son muy abundantes dentro del botón floral (Foto 52) y flor de la tuna, o en las flores de otras cactáceas caso *Echinopsis* sp. y en *Echinopsis peruviana* (sankay). Por lo general en una sola flor de tuna se puede contabilizar de 13 a más de 20 adultos, compitiendo por espacio y alimento con *Diabrotica* spp., *Acromyrmex* sp. y otras especies, a las cuales logra desplazarlo debido a su abundancia; tal como se puede apreciar en la Foto 53. Las pencas tiernas y los frutos verdes también son afectados (Foto 54); afortunadamente el Nitidulidae no daña las pencas maduras o añejas, más bien aprovecha éstas y los tallos del "sankay" para la postura cuando se encuentran en proceso de descomposición (Fotos 55 y 56). Las pencas en descomposición pueden encontrarse en la planta o en el suelo, sirviendo ambas como substrato adecuado para la ovoposición y desarrollo larval del referido coleóptero. Indudablemente, la abundancia de pencas podridas y larvas dentro de cada penca (Foto 57) es determinante para la abundancia posterior del adulto; quienes durante la época de fructificación de la tuna, logran dañar hasta el 100 % los frutos verdes y pencas tiernas de toda una planta y plantas vecinas (Fotos 58 y 59); en tanto que las flores del "sancay" se encuentran infestadas de adultos en su interior (Fotos 60 y 61). Con relación al daño en las pencas tiernas, Flores *et al.* (1983) indican que el adulto mastica la superficie tierna de las pencas nacientes y en proceso de desarrollo, iniciando el daño en la base suculenta de los primordios florales y que es cercana a la futura espina; según los autores citados, el daño inicial lo realiza a manera de pequeñas cavernas en una de las caras, las que según la gravedad y persistencia del daño puede atravesar al otro lado de la penca, produciendo orificios circulares de contornos irregulares, aunque afortunadamente estos síntomas se dan en un reducido porcentaje. Indican también que los mayores daños se registran en aquellas pencas donde las perforaciones no llegan a atravesar la penca y solamente se observa como un raspado a un lado de la paleta, para finalmente deformarse, doblarse y manifestarse con el tiempo a manera de superficie cicatrizada, costrosa, con pequeñas rajaduras cruzadas y amarillentas como respuesta al daño, muy parecido a los esclerotes de *Rhizoctonia solani* Kuhn en la penca.

En cuanto a la fluctuación poblacional del nitidúlido a través del año, Terry (2000) determinó que en el bosque de tuna de Atoqpampa (Ayacucho) alcanza su pico de población de diciembre a enero sobre las flores y frutos maduros de la tuna, a partir del cual entra en franca disminución hasta el mes de julio, para nuevamente incrementar en densidad hasta el mes de enero del año siguiente (Fig. 7). Indica que la disminución a partir de enero guarda relación con el incremento de las precipitaciones, mientras que su incremento de octubre a enero con la presencia de nuevos órganos tiernos, caso brotes florales, flores y pencas tiernas que aparecen desde setiembre.

Importancia económica

El nitidúlido al estado adulto adquiere cierta importancia por dañar los frutos verdes y las pencas tiernas, no así a la estructura floral y frutos maduros; sin duda, la estructura floral marca el inicio de la infestación al órgano fructífero, que por las dimensiones del daño en el fruto podría ser considerado como una de las plagas más importantes, juntamente con *Frankliniella* sp., *Leptoglossus* zonatus y *Acromyrmex* sp. Si bien es cierto que el daño en la estructura floral carece de importancia, ocurre todo lo contrario cuando la infestación persiste y afecta la concavidad del tálamo (ombligo) y parte del fruto verde, los cuales por reacción fisiológica segrega sustancia mucilaginosa, de aspecto lechoso, a través de la herida, que luego es invadida por patógenos que atrae pequeñas moscas saprófagas para la postura. En la condición descrita el daño es grave convirtiendo al fruto en inservible (fruto podrido) (Foto 62); en cambio, si el daño es leve y no hay contaminación por patógenos, el fruto continúa con el proceso de crecimiento y maduración con claras perforaciones en la cáscara a manera

Foto 52. Población de *Cryptarcha* sp. dentro del botón floral de la tuna.

Foto 53. Competencia interespecífica por alimento entre *Cryptarcha* sp., *Acromyrmex* sp. y *Diabrotica speciosa*.

Foto 54. Penca tierna de tuna dañada por *Cryptarcha* sp.

Foto 55. Penca en proceso de descomposición, como producto de daño mecánico.

Foto 56 Tallo de "sankay" en proceso de descompocsición e infestado de larvas de *Cryptarcha* sp.

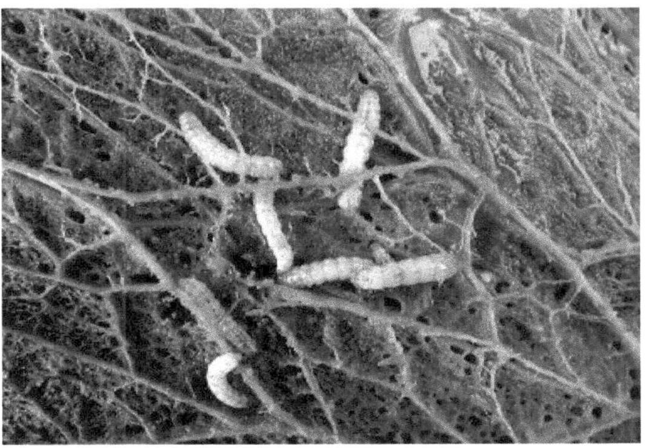

Foto 57. Larvas de *Cryptarcha* sp. en penca de tuna podrida.

Foto 58. Total de frutos verdes de una penca, dañados por *Cryptarcha* sp.

Foto 59. Total de pencas tiernas de una planta con signos de daño por *Cryptarcha* sp.

Foto 60. Flores de "sankay" infestado de *Cryptarcha* sp. Observe las flores con signo de putrefacción.

Foto 61. *Cryptarcha* sp. dentro de la flor de "sankay" en proceso de descomposición

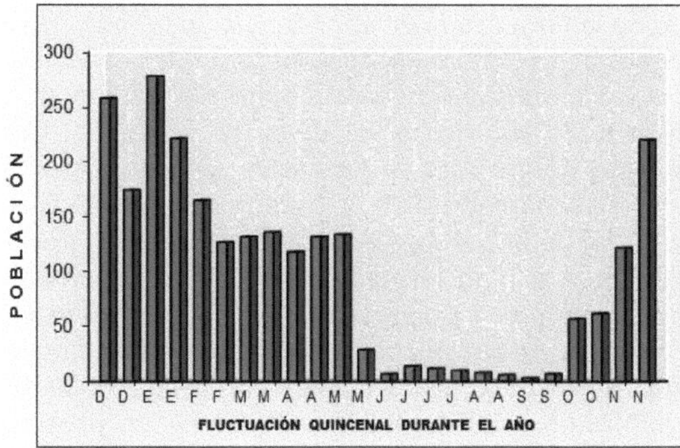

Figura 7. Población del Nitidulidae en flores y frutos maduros de tuna. Dic. a Nov. Atoqpampa, Ayacucho (Tomado de Terry, 2000).

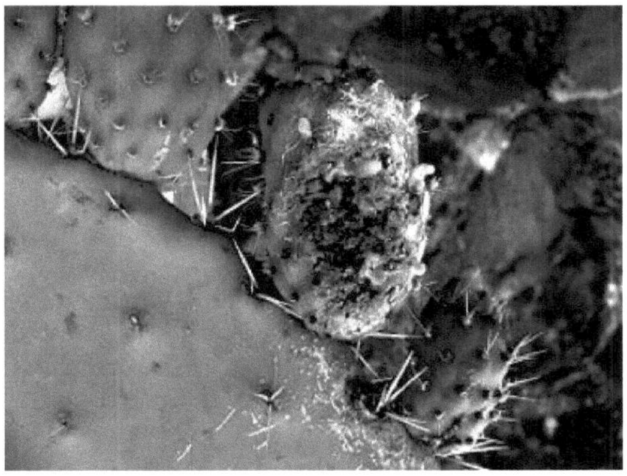

Foto 62. Fruto verde podrido, luego del daño de *Cryptarcha* sp.

de cicatrices profundas (Foto 63), o mostrando simplemente "costras negras" a manera de placas de hollín en el "ombligo", (Fotos 64 y 65), inutilizándola de alguna manera para la comercialización.

Afortunadamente los más altos porcentajes de frutos dañados por el nitidúlido se registran a partir de febrero, periodo final de cosecha, cuyos daños corresponden a frutos abandonados. Es importante precisar que el campesino recolector al observar cualquier fruto dañado, generalmente lo deja en la penca o lo deja caer al suelo, terminando totalmente podrido con el tiempo, e infestado por adultos de este Nitidulidae. Asimismo, al sobremadurar la fruta lesionada en la planta, y al no ser recolectada por el campesino, es consumida por adultos de *Schistocerca piceifrons peruviana* (langosta) y por las aves fruteras, caso *Turdus chiguanco* L. (chiguaco) y *Dives warszewiczi* (chivillo). En efeto, cuando el daño es leve, muchas veces es recolectada y amontonada juntamente con los sanos, siendo finalmente descartada al momento de seleccionar y encajonar para enviarlos al mercado. Por lo general, en la temporada de abundancia de la tuna fruta por cosechar, que normalenete ocurre de octubre a enero del año siguiente, el nivel de frutos dañados por el nitidúlido es muy bajo (Fig. 8), más bien se registran montones de frutos descartados en diversas partes del bosque (Foto 66), que con el paso de los días se fermentan, atraen a pequeñas moscas y al Nitidulidae; éste se introduce en el fruto por la herida del corte de cosecha para alimentarse de la pulpa y del jugo fermentado (Foto 67). Consideramos que la pulpa y el jugo fermentado del fruto es una buena fuente de calorías para el coleóptero, porque en la época de maduración y sobre maduración de la fruta, la densidad del nitidúlido en la flor, en la penca tierna y en el fruto verde disminuye notablemente y es mucho menor en comparación a la población concentrada en los frutos en proceso de fermentación. Indudablemente, no se ha registrado daños directos en frutos maduros.

Otro de los factores importantes que contribuye a la gradación del Nitidulidae, y consecuentemente a su importancia como plaga, son los daños mecánicos que el campesino ocasiona en las pencas; es decir, frecuentemente poda las paletas en su afán de hacer camino para recolectar cochinilla o cosechar la tuna fruta. Durante la cosecha ocasiona herida en la penca al momento de cortar el fruto con la cuchilla, constituyendo la herida puerta de entrada de patógenos que provoca pudrición. El objetivo de la cosecha es obtener la fruta con el "pico cerrado" para evitar descomposición rápida y pueda viajar a mercados distantes. Por otro lado, el ganado vacuno, caprino y el asno resultan también los principales agentes dañinos de la tuna en su afán de alimentarse de la penca durante la época seca, contribuyendo a incrementar la presencia de heridas en las pencas. Por su parte los agricultores de pequeñas parcelas contiguas al bosque de tuna, cortan y apilan montones de pencas de tuna para formar cercos y proteger su parcela; estas prácticas permiten que las pencas al descomponerse se conviertan en "caldo de cultivo" de patógenos y fuentes de infestación de insectos saprófagos, especialmente de moscas Syrphidae, Otitidae y del coleóptero Nitidulidae.

Sin lugar a equivocarnos se puede afirmar que *Cryptarcha* sp. es la especie más abundante entre todos los insectos dañinos de la tuna, en todos los lugares y pisos altitudinales de Ayacucho, aunque su población va en descenso de manera inversa conforme se asciende de los bosques de zonas bajas hacia las partes altas, y como es de esperar, causa los mismos daños en las flores y los tallos en descomposición de otras cactáceas, donde también ovoposita y desarrolla sus larvas como lo hace en la tuna y en el "sankay" (Fotos 68 y 69), quedando los substratos de crianza con el tiempo convertidos a "piel seca" o "huesos de la tuna" como lo mencionan los campesinos (Foto 70). A pesar de la abundancia del mencionado coleóptero, Vilca (2013) determinó que el daño de *Cryptarcha* sp. en la penca tierna de la tuna no adquiere importancia, debido a que los más altos porcentajes de daño ocurren fuera de la época de mayor abundancia del órgano tierno; en tanto que la infestación y daño en el botón floral y la flor no tiene ningua importancia, porque no afecta el tálamo de la flor; más bien los signos de daño en el fruto verde determina y marca lo que se observa posteriormente a manera de "costras negras" en los frutos en proceso de maduración y maduro, aspecto que depende de la gravedad del mismo. Afortunadamente en la mayoría de los casos son daños leves.

Medida de control

El campesino no practica ninguna medida de control contra *Cryptarcha* sp., más bien de manera natural la población larval del nitidúlido es reducida por una especie no identificada de la familia Staphylinidae (Foto 71), por el "zorrino" del género *Conepatus* y el "cerdo" *Sus scrofa domesticus*, quienes "hociquean" la penca podrida para alimentarse de la larva; en tanto que el adulto es atrapado en la red de *Argiope argentata* (Fotos 72 y 73).

Como medida de control preventivo se debe evitar ocasionar daño mecánico en las pencas, especialmente durante la época lluviosa, porque en esta temporada la humedad relativa del ambiente permite que los patógenos se multipliquen y aceleran la pudrición del tejido dañado, convirtiéndolo en substrato de postura para muchos saprófagos. También recomendar a los campesinos recolectar y enterrar las pencas y frutos con signos de descomposición.

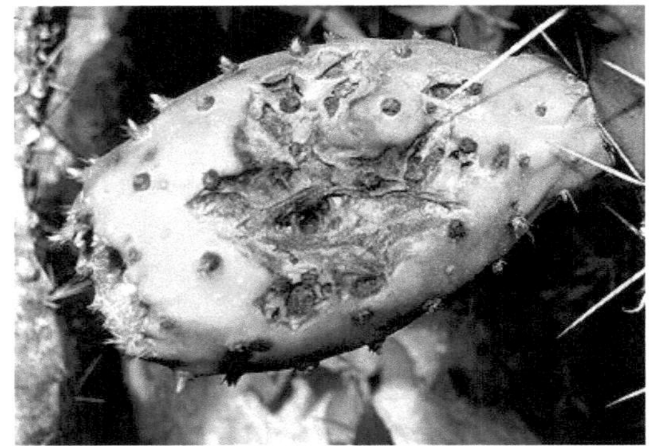

Foto 63. Fruto "carachoso" luego del daño de *Cryptarcha* sp.

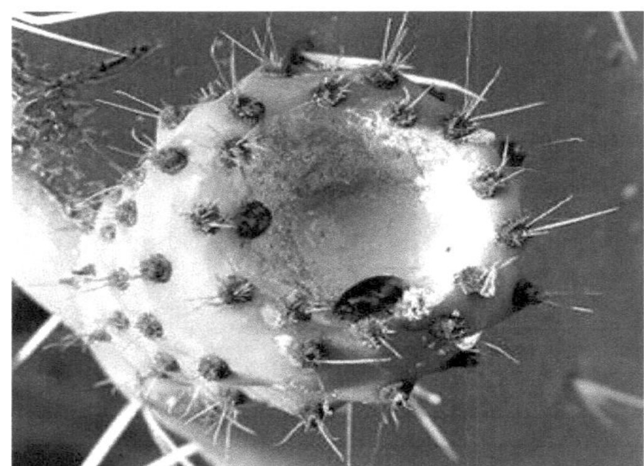

Foto 64. Fruto verde de tuna con presencia y signos de daño de *Cryptarcha* sp.

Foto 65. Costras de ollín en el ombligo de frutos "pintones" de tuna, luego del daño de *Cryptarcha* sp.

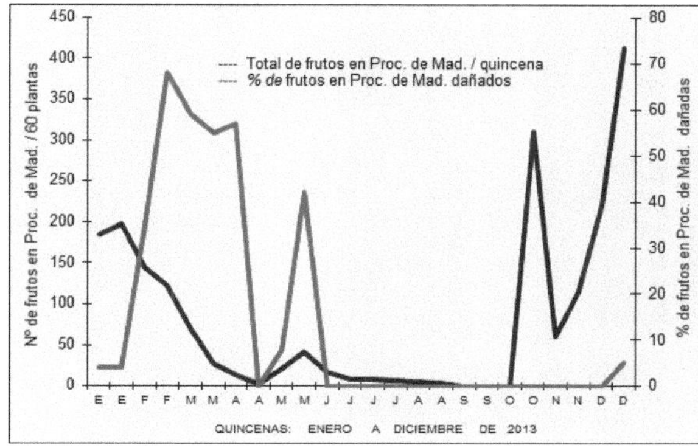

Figura 8. Población quincenal de frutos "pintones" de tuna, dañado por *Cryptarcha* sp. Bosque de Wari, Ayac. (Vilca, 2013).

Foto 66. Frutos de tuna descartados e infestados por adultos de *Cryptarcha* sp.

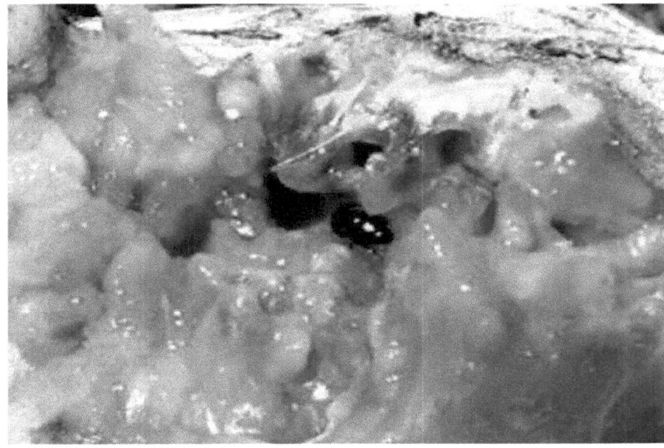

Foto 67. *Cryptarcha* sp. en fruto de tuna en descomposición

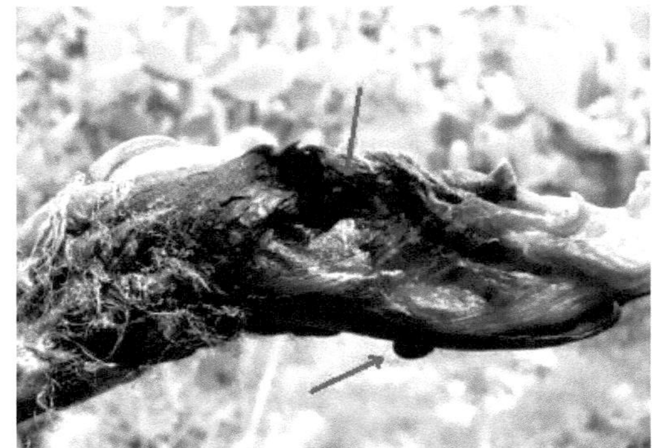

Foto 68. Flor de "sankay" podrido e infestado de adultos de *Cryptarcha* sp.

Foto 69. Larva de *Cryptarcha* sp. en tallo podrido de sankay.

Foto 70. Penca seca o "pellejo seco" de tuna, luego de podrido por larvas saprófagas.

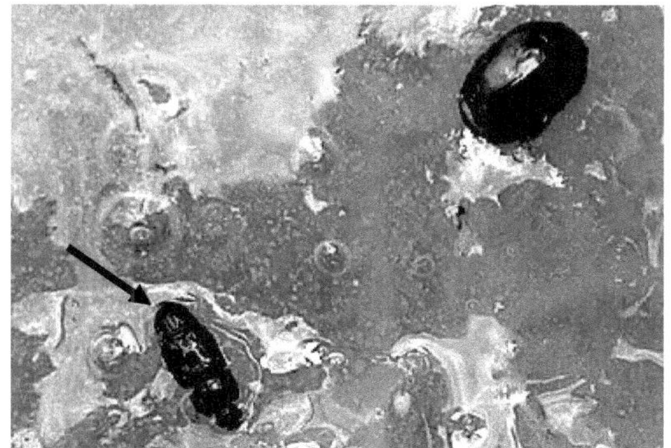

Foto 71. Staphylinidae aduto en penca podrida de tuna, infestado de larvas y adultos de *Cryptarcha* sp.

Foto 72. *Cryptarcha* sp. atrapada en la red de *Argiope argentata*.

Foto 73. *Cryptarcha* sp. y otros insectos atrapados en la red de *Argiope argentata*.

Chloridea (*Heliothis*) *virescens* Fabricius

(UTUSHKURU O GUSANO DE LA PENCA TIERNA)

Ubicación taxonómica

Orden   : Lepidoptera
Suborden   : Glossata
Superfamilia   : Noctuoidea
Familia   : Noctuidae
Subfamilia   : Heliothinae
Género   : *Helicoverpa*
Especie   : *Chloridea* (*Heliothis*) *virescens* Fabricius

Antecedentes

Chloridea virescens se encuentra distribuida en América Tropical, desde el norte de Argentina hasta México y los Estados Unidos de Norteamérica.

En el Perú, hasta antes de que se ampliara el área de siembra del espárrago, era considerada de importancia en el algodonero y el garbanzo, especialmente en la zona de Lambayeque. En la actualidad compromete seriamente las plantaciones de espárrago en la costa central (observación personal).

En Ayacucho viene adquiriendo importancia en el fruto de *Physalis peruviana* (aguaymanto o capulí), en garbanzo, frijol vainita, fruto verde de *Passiflora* sp. (granadilla silvestre) y ocasionalmente en penca tierna de tuna (registro personal).

Morfológía

Chloridea virescens es una polilla de 28 a 35 mm de envergadura alar, de color verde amarillento en los machos y un poco más oscuro, tendiendo a cobrizo, en las hembras. En las alas anteriores presenta tres bandas diagonales de color claro, cada una limitando con otra banda más amplia y más oscura. En ocasiones se puede observar un punto oscuro en la porción central de cada ala anterior. Las alas posteriores son de color blanco uniforme en los machos y con una franja oscura en el margen posterior en las de las hembras.

El huevo de *Ch. virescens* mide aproximadamente 0.5 mm de diámetro, es de forma esférica, ligeramente aplanado, con la superficie estriada radialmente. En un principio es de color crema brillante, pero luego se va oscureciendo a medida que se aproxima la eclosión. Son depositados en forma individual durante la noche y es poco común distinguirlos y reconocerlos cuando puestos en la penca de tuna.

La larva es de tipo eruciforme con tres pares de patas torácicas, cuatro pares de pseudopatas abdominales y un par anal o telson. Se muestran de color claro, cabeza prominente y negra cuando recién emergidas del huevo; a medida que crece adquiere varias tonalidades, entre las cuales son comunes el amarillo pálido, verde claro, verde oscuro con puntos rojizos, rojizos u oscuros, casi negra. Según varios autores, este polimorfismo larval, que también ocurre en *Helicoverpa* zea, *Alabama argillacea*, *Erinyis ello* y *Anticarsia gemmatalis*, parece ser el resultado de la interacción de varios factores, entre los cuales destacan el hacinamiento, la calidad del alimento y algunos estímulos entre las larvas, particularmente el visual. Por ejemplo, en la tuna al alimentarse de penca tierna se muestra de color verde pálido y de cuerpo blando (Foto 74) o de color marrón claro (Foto 75), muy parecidos a como se presenta en el frijol vainita, mientras que en *Passiflora* sp. (tumbo silvestre) es verde oscuro y más terso. En todos los casos la larva muestra una banda sub-espiracular de color blanco, siendo mucho más nítido en la larva registrada en la *Passiflora*. Por lo general, a lo largo del cuerpo, especialmente en la porción dorsal, presentan tubérculos levantados, en los cuales se insertan pelos o setas de tamaño variable. En algunas larvas se aprecia claramente cuatro tubérculos setíferos negros dispuestos en forma de trapecio en el dorso de cada segmento abdominal. Muchas veces se pueden distinguir tres líneas oscuras longitudinales que se extienden a lo largo de todo el cuerpo.

Normalmente la larva pasa por seis estadíos alcanzando de 30 a 45 mm de largo en su desarrollo óptimo. Según diversos autores después de alcanzar el cuarto estadío la larva muestra hábito canibalístico.

Comportamiento

De acuerdo con Sarmiento (1992), además del garbanzo y algodón, es común registrarlos en maíz, tomate, alfalfa, maní, ajonjolí, frijol, lechuga, cárcamo, azafrancillo, lino, higuerilla, soya, girasol, geranio, tabaco silvestre, malva espinuda *Malachra* sp., amor seco *Bidens pilosa*, bledo o yuyo *Amaranthus hybridus*, pichana *Sida paniculata*, etc.

En Ayacucho es frecuente en siembras de garbanzo, vainita, aguaymanto *Physalis peruviana* y ocasionalmente en la tuna y en el "tumbo silvestre" *Passiflora* sp., pero que en estas dos especies últimas siempre ha pasado inadvertida. La ocurrencia y daño de *Chloridea virescens* en la tuna es poco frecuente y aún desconocido; sin duda, es a partir de setiembre en que aparece buena población de larvas dañando los frutos del "tumbo silvestre" que existe en los bosques de tuna, periodo en el cual la cactácea recién entra

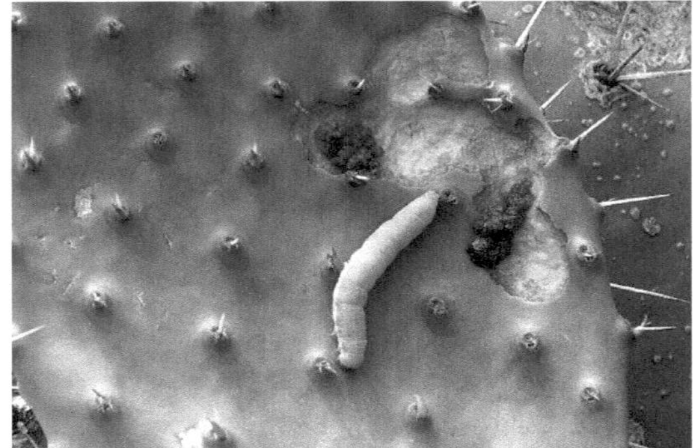

Foto 74. Larva y daño de *Chloridea virescens* en penca tierna.

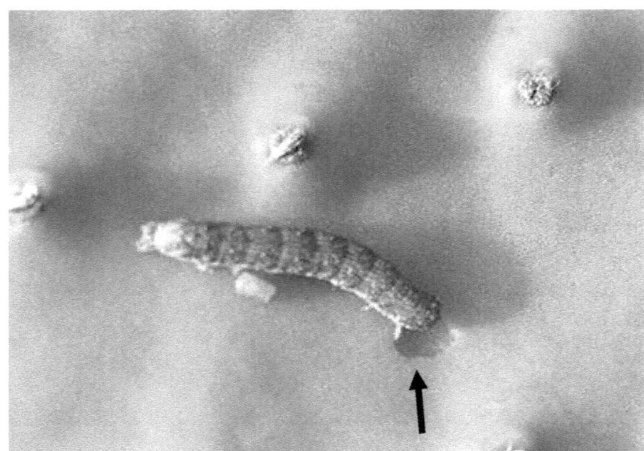

Foto 75. Larva de *Chloridea virescens* iniciando a dañar penca tierna de tuna

Foto 76. Úlceras profundas en penca tierna por el daño de *Chloridea virescens*.

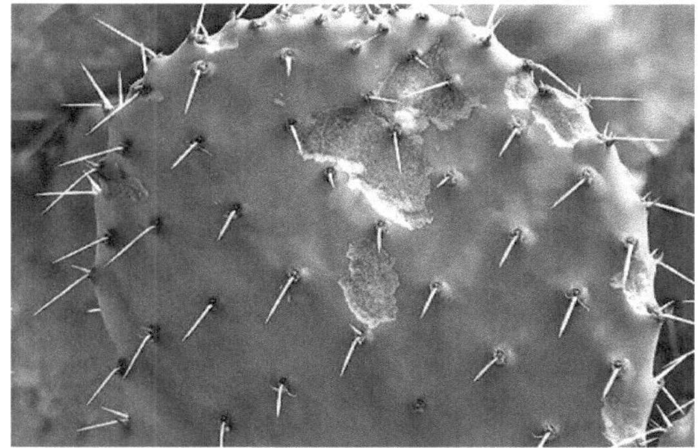

Foto 77. Úlceras cicatrizadas en penca tierna por daño de *Chloridea virescens*.

Foto 78. Agugero de ingreso de larva de *Chloridea virescens* a fruto de *Pasiflora* silvestre

Foto 79. Larva de *Chloridea virescens* en el interior del fruto de *Pasiflora* silvestre.

en actividad. Posteriormente, de enero a marzo su población se incrementa y se registra dañando frutos de aguaymanto y en las vainas del garbanzo sembrados bajo lluvia en parcelas cercanos a los bosques de tuna.

En el 2004, *Chloridea viresxens* fue registrada por primera vez dañando pencas de tuna en la localidad de Waripampa (Foto 76), en plantas cercanas a cultivo de arveja y plantas de *Pasiflora* sp. dentro del tunal. En esa oportunidad se registró un promedio de 05 % de pencas tiernas dañadas con presencia de una sola larva y muchas pencas de otras plantas con signo de daño únicamente (Foto 77); además, gran número de frutos de la *Passiflora* silvestre con orificio de entrada de la larva (Foto 78) que al abrirlos contenían larvas del Noctuidae (Foto 79).

En la tuna, conforme la larva desarrolla es presa fácil de sus predadores, caso aves y arañas Oxyopidae y Salticidae que abunda en los tunales; razón por el cual es más frecuente encontrar pencas dañadas sin la presencia de la oruga. Se ha registrado también que la larva no se conforma con dañar una sola penca, sino más bien migra de una penca a otra vecina de la misma planta, dejando en su recorrido pencas con grandes "cavernas", acompañado de abundante excremento de la larva. No es muy común ni abundante en la tuna; en todo, caso su presencia y permanencia está asociada a la existencia de *Passiflora* silvestre y con la época lluviosa.

Según Korytkowski (1981), citado por Sarmiento (1992), el ciclo de vida de *Chloridea* (*Heliothis*) *virescens* es el siguiente:

Periodo de Incub.   : 04.0 - 07.0 días
Periodo larval   : 20.4 – 21.4 días
Periodo pupal   : 12.0 – 20.0 días
Ciclo total   : 30.0 – 70.0 días (Según condiciones ambientales)

Importancia económica

Chloridea virescens comprende la plaga agrícola de mayor impacto económico en el mundo. Afecta seriamente los órganos fructíferos de sus plantas hospedantes y tiene un amplio rango de plantas cultivadas y silvestres (malezas) que le garantiza una extensa distribución, abundancia relativa considerable y un sitio adecuado de sobrevivencia. Por los niveles de resistencia o tolerancia a los insecticidas, o de ambas, su población ha sido tratada con diversos plaguicidas tradicionales.

En Ayacucho *Chloridea virescens* no constituye un problema en sus plantas hospedantes, y mucho menos en los bosques de tuna, gracias al control natural eficiente. Las arañas *Oxyopes* sp. (Oxyopidae), *Metaphidippus* sp. (Salticidae) y principalmente aves insectívoras silvestres que anidan en los tunales, constituyen sus principales controladores biológicos. En todo caso, la exposición de la larva en la penca, sobre todo cuando la larva alcanza mayor desarrollo, facilita la visibilidad y encuentro por parte de sus depredadores, especialmente por las aves insectívoras; mientras que la existencia de frutos de *Pasiflora* sp. durante todo el año, contribuye en la sobrevivencia del insecto. Debe entenderse que la pasiflora silvestre la larva una vez que ingresa dentro del fruto se mantiene protegido hasta completar su desarrollo; además que el frutal silvestre siempre se mantiene verde durante todo el año, aún cundo el bosque se encuentra totalmente seco de junio a setiembre, permitiendo así la continuidad del insecto, aunque con escasa densidad.

Argyrotaenia sphaleropa Meyrick

(GUSANO TEJEDOR)

Ubicación taxonómica

Orden   : Lepidoptera
Familia   : Tortricidae
Especie   : *Argyrotaenia sphaleropa* Meyrick

Antecedentes

Argyrotaenia sphaleropa se encuentra distribuido en Argentina, Bolivia, Sur de Brasil, Perú y Uruguay (Betancourt y Scatoni, 1999).

Morfológía

El adulto es fácilmente reconocido por su aspecto en forma de campana y por el matiz de escamas o manchas de color marrón oscuro o ladrillo, distribuido en las alas anteriores. Según Betancourt y Scatoni (1999), es una pequeña polilla de 15 mm de expansión alar la hembra y 12 mm el macho. Las alas anteriores presentan una banda irregular oblicua, desde el centro del margen anterior hacia atrás, próximo al ángulo anal.

Ovoposita de en masa y ligeramente superpuestos. El tamaño de la larva varía de 1.5 mm al nacer, hasta 12 ó 16 mm en la fase final. Se muestra de color amarillo verdoso a verde intenso; en tanto que la cabeza y el escudo pro-torácico de color amarillo ámbar.

Comportamiento

De acuerdo con Betancourt y Scatoni (2002), *Argyrotaenia sphaleropa* es extremadamente polífago. En Uruguay es registrado en vid, manzano, peral, ciruelo, duraznero, rosal, jazmín y ligustro. Sin duda, prefiere el manzano y la vid (Betancourt y Scatoni, 2002). En el Perú se encuentra bien representado en la costa infestando cítricos, algodón, manzano y otros cultivos; en tanto que en Ayacucho desde hace varios años en hojas de la arracacha y fruto de naranjo (Vilca, 2001). A partir del 2007 dañando con regularidad frutos de palto en Huanta, vainas de tara en Pacaycasa y pencas de tuna en Wayllapampa.

En la tuna *Argyrotaenia sphaleropa* (Foto 80) es frecuente en pencas tiernas durante los meses de alta humedad relativa en el ambiente (enero, febrero y marzo) y cuando la planta de tuna se encuentra bajo sombra de árboles de tara que en algunos bosques alcanzan hasta los ocho metros de altura. Por el contrario, no se le ha registrado en pencas tiernas donde los rayos solares inciden directamente sobre la planta. Se entiende que los meses de enero a marzo son los más húmedos cómo producto de las altas precipitaciones de la época; periodo en el cual los racimos de tara con las vainas tiernas resultan mucho más atractivos como substrato alimenticio para la larva del tortrícido, y porque en el interior del racimo encuentra su nicho apropiado, en comparación a las paletas tiernas de la tuna.

En lo que respecta a la forma de daño en la tuna, la larva tiene la peculiaridad de masticar parte de la paleta tierna dejando el área afectada a manera de una úlcera poco profunda. En el lugar donde se refugia y ocasiona el daño, se cubre con un manto a manera de telilla blanca, construida por la propia larva (Fotos 81, 82 y 83), bajo la cual se encuentra protegido, pasando así desapercibida al aparentar a una postura o escondite de araña. Como consecuencia del daño, la penca con el tiempo muestra cicatrices de color marrón, de la misma forma como se observa en las vainas de tara (Foto 84). Finalmente, la penca dañada crece carachosa y deforme, en tanto que las vainas de tara con las semillas inservibles (Foto 85.

Importancia económica

Argyrotaenia sphaleropa no tiene mayor importancia en la tuna, debido a que solamente prospera cuando la cactácea se encuentra asociada con plantas de tara, y cuando en el complejo ambiente del bosque existe alta humedad relativa; de lo contrario su densidad se mantiene regulada, principalmente en la tara, por la abundancia diversos predadores, principalmente *Neda* sp. (Coleoptera: Coccinellidae), *Chrysoperla externa* (Neuroptera: Chrysopidae), *Euborellia* sp. (Dermaptera: Anisolabididae) y diversas arañas y aves insectívoras, quienes en conjunto actúan como un freno natutral, impidiéndoles alcanzar niveles de población considerable de manera permanente; razones suficientes para categorizarlo como plaga potencial, aunque ocasionalmente en algunos años en los bosques tupidos, en la tara logra infestar hasta 44 % de los racimos de vainas, con un promedio de 02 a 03 vainas dañadas por racimo (Vilca, 2009).

Melanoplus sp. (Melanoplinae = Catantopinae)

(MELANOPLUS DE ALAS CORTAS)

Ubicación taxonómica

Orden	: Orthoptera
Suborden	: Caelifera
Superfamilia	: Acridoidea
Familia	: Acrididae
Subfamilia	: Melanoplinae (= Catantopinae)
Gênero	: *Melanoplus* Stal, 1873

Según Domínguez (2001), los miembros de la subfamilia Catantopinae se caracterizan por presentar una espina o tubérculo pro esternal entre las coxas anteriores y una espina apical fija en la cara interna de las tibias posteriores.

Antecedentes

Para el Perú, específicamente para la Región Ayacucho, Beingolea (1963) reporta a *Melanoplus marginatus* Scudd. (Melanoplinae) compartiendo ecosistema con *Trimerotropis pallidipennis andeana* Rehn (Oedipodinae), *Tropidacris latreille* Perty (Romaleinae) y *Schistocerca piceifrons peruviana* (Cyrtacanthacridinae). De acuerdo a registros de varios años se ha determinado que *Melanoplus* sp. de alas cortas es relativamente dañina en la tuna, mintras que *Trimerotropis pallidipennis andeana* y otras especies de *Melanopus* sp. de alas desarrolladas son más comunes en los pastizales y nunca se les ha registrado dañando alguna estructura vegetativa de la tuna.

Morfología

El Melanoplinae de alas cortas mide de 14 a 16 mm de longitud, muestra la "cara" de posición oblicua, cuerpo de color marrón oscuro con áreas claras (marrón claro) en la cara y la parte terminal del abdomen. Ambos sexos de esta especie presentan las alas anteriores cortas a manera de pequeñas hojas de color marrón oscuro, mostrando las venas longitudinales y transversales de forma reticulada, en tanto que las alas posteriores son algo más pequeñas y de color claro amarillento. Además, los fémures posteriores muestran la cara interna de color anaranjado intenso; característica última que podría relacionarse con el nombre común de "langosta de pierna roja".

Foto 80. Adulto de *Argyrotaenia sphaleropa*

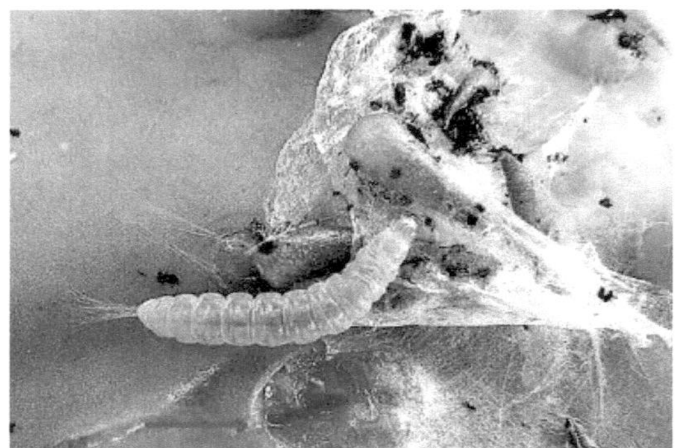

Foto 81. Larva y daño de *Argyrotaenia sphaleropa* en penca tierna de tuna.

Foto 82. Larva de *A. sphaleropa* y adulto de *Cicloneda sanguínea* en penca tierna.

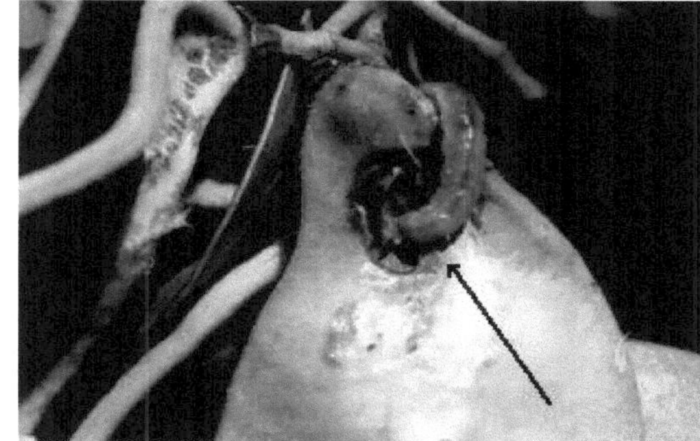

Foto 83. Larva de *Argyrotaenia sphaleropa* dañando vainas de tara.

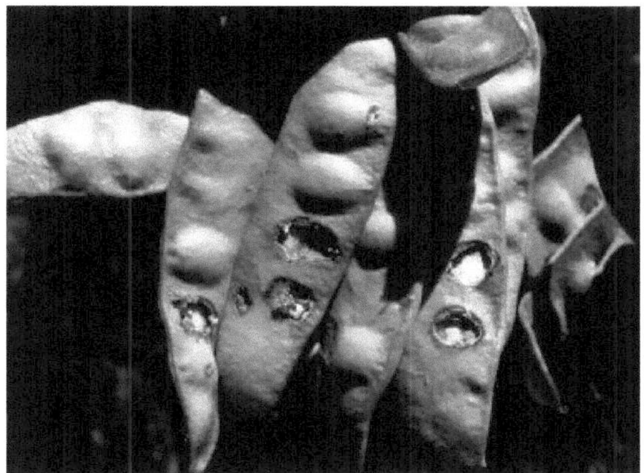

Foto 84. Vainas de tara dañadas por larva de *Argyrotaenia sphaleropa*.

Foto 85. Vainas secas de tara, insevibles y sin semillas por daño de *A. sphaleropa*.

Foto 86. Melanoplinae alimentándose de pétalos de botón floral de tuna.

Foto 87. Melanoplinae dañando pétalos de la flor de tuna.

Foto 88. Melanoplinae alimentándose de polen de la flor de tuna.

Foto 89. *Phalcobaenus megalopterus* en un claro del bosque de tuna.

Foto 90. Melanoplinae atrapado en la red de *Argiope argentata*.

Foto 91. Melanoplinae con signos de infección por virus.

Comportamiento

En diversas áreas claras de los bosques de tuna, chamana y huarango, así como en las áreas de cultivo de los valles bajos de Ayacucho, los acrídidae Melanoplinae (¿Gén? sp?), *Melanoplus* sp. de alas desarrolladas y *Trimerotropis pallidipennis andeana* son registrados de manera frecuente con regular población, compitiendo por espacio y alimento con *Schistocerca piceifrons peruviana*. A diferencia de *Schistocerca*, la población de los pequeños acrídidos siempre se mantiene con densidades relativamente estables y nunca han merecido preocupación alguna, como ocurre con *S. piceifrons peruviana*; tal es asi que en los bosques de tuna, el pequeño Melanoplinae se presenta con población dispersa durante todo el año; sólo durante el apareamiento se les observa en parejas. No tiene la capacidad de agruparse o agregarse como *Schistocerca piceifrons peruviana*, tampoco de migrar de un lugar a otro. Generalmente los especímenes pasan desapercibidos por los campesinos, debido a su pequeño tamaño, población aparentemente baja y dispersa.

En la temporada seca del año (junio a setiembre), alcanza la flor de la tuna trepando y dando pequeños saltos entre una penca y otra, se ubica en las pencas fruteras y se alimenta de los pétalos y polen de la flor (Fotos 86, 87 y 88) de manera similar que *S. piceifrons peruviana*, aunque los daños de los especímenes individuales no son de consideración. En todo caso, si bien es cierto que el pequeño acrídido no causa mayor daño a la tuna, en comparación con el de *Schistocerca piceifrons perusina*, el conjunto de acrídidos de los tunales son parte importante del eslabón, dentro de la cadena biológica, juntamente con los grillos, arañas y otros artrópodos del bosque, por constituir una fuente inagotable de alimento a diversas aves insectivoras silvestres, caso *Falco femoralis* (killincho), *Falco sparverius* (waman), *Buteo* sp. (anka) y principalmente a *Phalcobaenus megalopterus* (Foto 89), conocido comúnmente como "aqchi" por los lugareños. Es meritorio reconocer que el "killincho" es residente habitual del bosque, en tanto que las águilas conocidas como "anka" y "aqchi" son aves migratorias por excelencia.

A diferencia de *S. piceifrons peruviana*, el Melanoplinae (¿Gén. sp.?) es activo durante todo el año. El descenso de la temperatura y las heladas de la temporada fría de junio a setiembre no tiene mayor influencia en su actividad; en dicha temporada aprovecha como dieta la escasa floración de la tuna y también las pencas dañadas por animales domésticos, comportamiento y actividad en las cuales gran número de adultos son capturados en la red de la araña plateada *Argiope argentata* (Foto 90) o son afectados por virus (Foto 91).

Por otro lado, en la temporada en que buena población del águila "aqchi" visita el bosque de tuna, en pocos días prácticamente "limpia" o extermina los pequeños acrídidos y otros artrópodos en las áreas claras; en este caso, para capturar los diversos artrópodos que viven bajo la piedra o terrones, el ave predaora voltea la piedra con sus patas, razón por el cual es común registrarlo parado al lado de una piedra, vigilando a su alrededor, corriendo detrás de su presa o afanándose en voltear las piedras. El "aqchi" prefiere los claros del bosque, espacio donde se distribuye ocupándolos por completo cuando su población es numerosa, luego de una corta residencia migra a otras áreas y finalmente desaparece hasta otra temporada. La presencia de excreta del ave en diferentes partes del bosque es un indicador de su abundancia.

Se precisa que, en el mes de agosto del año 2003, la mayor población de aves predadoras correspondió al águila *Buteo* sp. (anka), persiguiendo a *Schistocerca piceifrons peruviana.* El 2003 fue el último año, despues del último fenómeno El Niño, en que la langosta se registró con elevada población. En aquella oportunidad se logró contabilizar cerca de 200 especímenes de *Buteo* sp. en la zona arqueológica de Wari y en Waripampa, población que luego se disperso hacia Wayllapampa, Pikimachay, Tawaqocha y otros lugares de cría de la langosta; mientras que en el 2004 la mayor población correspondió a *Phalcobaenus megalopterus* (aqchi), lográndose registrar en el mes de junio hasta 70 individuos en Wari, de donde migró hacia las faldas de los cerros Pikimachay, Chaqawillka y Tawaqocha.

Importancia económica

En general, el Melanoplinae en los bosques de tuna carece de importancia económica como plaga. Sus daños son insignificantes; aunque existe referencia de que en México, específicamente en la Planicie Huasteca *Melanoplus* sp. daña anualmente más de 200 mil hectáreas de pastizales (Garza, 2003, citado por Garza, 2005). Más bien en los bosques de tuna de Ayacucho su importancia radica al constituir una fuente alimenticia permanente para la araña Argiopidae y principalmente para diversas aves predadoras residentes, caso cerníalos, y para las que visitan temporalmente los bosques de tuna; constituyendo así un eslabón importante dentro de la frágil cadena trófica, aspecto que debe merecer consideración, debido a que su población también es fuertemente afectada por las aplicaciones químicas practicadas contra *Schistocerca piceifrons peruviana.*

Tiene como parásito un "ácaro jojo", probablemente del género *Eutrombidium* (Trombidiidae), similar al ácaro registrado para *S. piceifrons peruviana* y para la mosca Lonchaeidae, con quienes comparten el bosque de tuna.

Solenopsis sp.
(PUKA SISI, HORMIGUITA ROJA)

Ubicación taxonómica

Orden   : Hymenoptera
Suborden   : Apocrita
Superfamilia   : Formicoidea
Familia   : Formicidae
Subfamilia   : Myrmicinae
Género   : *Solenopsis* (Westwood, 1840)

Los miembros de la subfamilia Myrmicinae se caracterizan por presentar pedicelo constituido por dos segmentos y carinas frontales separadas que cubren más o menos las inserciones antenales.

Antecedentes

Existe escasa referencia sobre especies del género *Solenopsis*. La información existente señala que las "hormigas coloradas" u "hormigas de fuego" a la cual pertenece *Solenopsis*, son un género de hormigas picadoras, con más de 280 especies en el mundo. Ceballos (1941) considera que es un género típicamente americano, con 100 especies a nivel mundial; en tanto que Domínguez (2001) cita a varias especies norteamericanas e indica que son muy agresivas y sus picaduras muy dolorosas.

Para el Perú, Pardo (1964) registra a *Solenopsis* (*Solenopsis*) *geminata* (Fabricius, 1804), *Solenopsis* (*Diplorhoptrum*) sp. (obreras dimórficas) y a *Solenopsis* (*Diplorhoptrum*) sp. (obreras monomórficas) para la provincia de Chiclayo (Lambayeque); por su parte Escalante (1991) refiere diversas especies para el Perú y otros países, caso *Solenopsis bondari* Santschi para el Brasil, Perú y Guayanas; *Solenopsis corticalis amazonensis* Forel para Perú y Guayanas, *Solenopsis gayi* Spinola para Chile y Perú, *Solenopsis gayi bruesi* Creighton para Perú, *Solenopsis geminata* Fabricius para EE.UU, Islas Revillagigedo, Honduras Británica, Guatemala, Honduras, Nicaragua, Costa Rica, Isla Cocos, Panamá, Colombia, Venezuela, Trinidad, Guayanas, Brasil, Bolivia, Antillas (Bahamas, Cuba, Jamaica, Haití, República Dominicana, Puerto Rico, Culebra, Santo Tomás, San Croix, San Eustatius, San Christopher, Guadalupe, Dominica, Martinica, Santa Lucía, San Vicente, Barbados, Granada, Tobago, Los Frailes, Donaire, Guajira) y Perú; por su parte Vilca (2000) reporta a *Solenopsis* sp. como predador de suelo, capturado con trampa de caída en cultivo de espárrago y papa en el valle de Cañete.

Según la literatuta existente, las especies del género *Solenopsis* se alimentan de plantas jóvenes, de semillas y a veces de grillos, cucarachas, etc. A menudo atacan animales pequeños y pueden llegar a matarlos. Anidan en el suelo, con frecuencia cerca de áreas húmedas, como cauces, bordes de estanques, césped y autopistas. Usualmente el nido no es visible por encontrarse ubicados bajo de objetos como madera, ramas, rocas, ladrillos, etc. Si no hay cobertura para el nido, hacen montículos con forma de cúpula; pero esto usualmente sólo se halla en áreas desnudas abiertas como campos, parques y césped. Dichos montículos pueden alcanzar 40 cm de alto. Las colonias se fundan por grupos pequeños de reinas o de una sola reina. Aunque una sola de ellas sobreviva, en un mes la colonia puede llegar a miles de individuos. Algunas colonias pueden ser poliginias (múltiples reinas por nido), habiéndose visto en una sola colonia más de 100 reinas (Wikipedia, 2010). De Jesús et al. (2016) indica que *Solenopsis* sp. Westwood es una plaga de la tuna vervdura en Mexico.

Característica morfológica

Las obreras de *Solenopsis* sp. conocidas como "puka sisi" en Ayacucho, son pequeñas, monomórficas, de aspecto y color amarillo acaramelado, lustroso. Mide en promedio 3.5 mm de longitud. El funículo antenal está conformado por nueve artejos y el tórax no presenta espinas.

Comportamiento

Al finalizar el periodo frío y seco de mayo a setiembre, luego que empieza a caer las primeras precipitaciones y cuando aparecen las primeras flores de la tuna, durante el día la hormiga "puka sisi" es registrada fuera del nido (Foto 92), sacando tierra mullida del interior, algunos movilizándose sobre las pencas, o dentro de la flor, cortando los estambres (Foto 93), en tanto que otras acarreando al nido los pedazos de estambres. Usualmente las flores afectadas se encuentran localizadas en las pencas ubicadas muy cerca del suelo y al nido. Más tarde en el periodo lluvioso de enero a marzo es poco común observarlo; sin duda, conforme crece y desarrolla la vegetación silvestre se ocupan en ampliar el hormiguero, de tal manera que alrededor de las nuevas "bocas" se observan gran cantidad de tierra mullida, acumulada. Al ser molestada, las obreras que se encuentran en la entrada del hormiguero comunican al interior y alarma a toda la colonia, que se moviliza con gran población hacia fuera, tratando de morder al intruso en defensa del nido. Pasada la temporada lluviosa (enero a marzo), al secarse el campo y descender la temperatura, especialmente en el mes de junio, gran población de obreras de esta hormiga se registra muertas alrededor de las "ventanas" del nido (Foto 94), se desconoce el origen de la mortalidad, carácter que es común en todos los hormigueros. Se deduce que la mortalidad de hormigas ocurre de manera natural, al cumplir su ciclo de

Foto 92. Ventanas o bocas del nido de *Solenopsis* sp.

Foto 93. *Solenopsis* sp. cortando estambres de la flor de tuna.

Foto 94. Mortalidad natural de *Solenopsis* sp. Cadáveres fuera del hormigüero

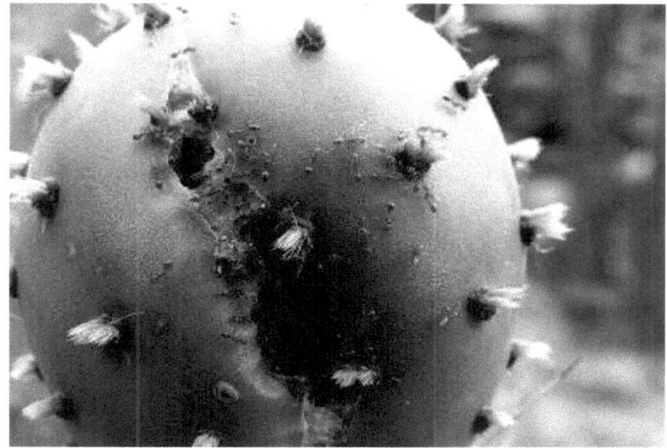

Foto 95. *Solenopsis* sp. en fruto de tuna agrietada.

Foto 96. *Solenopsis* sp. en fruto de tuna ahuecada.

ñl

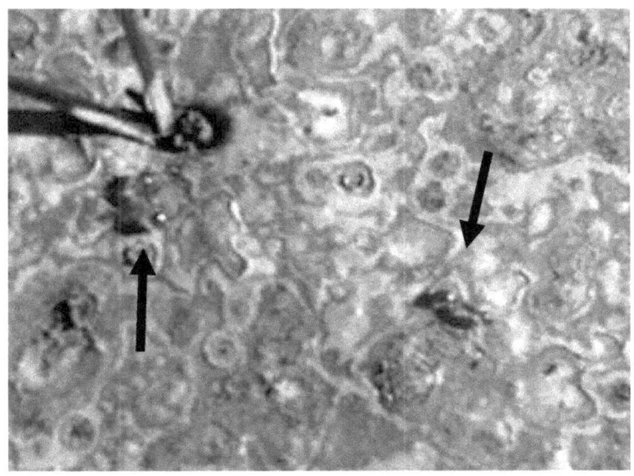

Foto 97. *Solenopsis* sp. transitando en penca añeja de tuna.

vida. Por otro lado, es común registrarlos consumiendo la pulpa y jugo de los frutos maduros ahuecados o rajados (Fotos 95 y 96) o caminando sobre las pencas añejas (Foto 97), aspecto que es muy peculiar y característico en los meses secos del año (junio a setiembre).

Importancia económica

El daño de *Solenopsis* sp. en la tuna es poco común y no tiene importancia económica. Por lo general la hormiga pasa desapercibida por el campesino, debido a su tamaño pequeño y porque a nadie le preocupa el daño en la flor y en los frutos dañados, que por lo general abundan y se quedan en el campo. Se confirma que el daño en la flor no es de preocupación, debido a que en esa fase de desarrollo ya ocurrió la polinización. En todo caso, la pequeña hormiga es parte del conjunto de la fauna insectil, con abundancia de colonias en el ecosistema árido, actuando también como una especie carnívora.

Oiketicus sp.
(BICHO DEL CESTO)

Ubicación taxonómica

Orden	: Lepidoptera
Suborden	: Dytrysia
Superfamilia	: Tineoidea
Familia	: Psychidae
Género	: *Oiketicus* (Lands-Guilfing)
Especie	: *¿kirbyi?*

Antecedentes

Madrigal (2003) refiriéndose a *Oiketicus kirbyi* considera a esta especie de amplia distribución en América, afirma que este insecto ataca una gran diversidad de especies vegetales de importancia agrícola, forestal y diversas especies vegetales silvestres.

Para el Perú, Dourojeanni (1963) al registrar los insectos dañinos de los forestales, considera al género *Oiketicus* como influyente para la caoba y en especial para el eucalipto, tanto en la selva como en la costa. El autor mencionado registra en la costa a *Oiketicus kirbyi* Guild dañando a *Eucalyptus robusta* Sm. 1795 y *Eucalyptus rostrata* Schlecht.; donde en ambos forestales son parasitados por una avispa del género *Pimpla* Fabricius, 1804. En Ayacucho el "bicho del cesto" no ha merecido ningún estudio, tampoco está identificado a nivel de especie; sin duda un tema interesante por investigar.

Característica morfológica

Oiketicus sp. al estado adulto es una mariposa pequeña de cuerpo robusto. Usualmente la hembra es ciega, áptera y ápoda, carece de antenas y las piezas bucales son vestigiales. La mayoría de los machos tienen alas delicadamente escamosas o casi sin ellas. Lo característico del grupo es que sus larvas construyen "estuches" o refugios portátiles con pedacitos de hojas, ramitas y espinas. Eventualmente se transforma en pupa dentro del estuche. La hembra pone sus huevos dentro del mismo estuche y generalmente nunca lo abandona (Domínguez, 2001). Por lo general, el estuche está construido por tejidos secos de su planta hospedante, unido fuertemente con hilos de seda segregada por la propia larva.

Comportamiento

Según Madrigal (2003), la hembra emerge dentro de la propia exuvia pupal en el interior del cesto (estuche), donde permanece hasta el final de la ovoposición. Las larvitas recién emergidas se dispersan con la ayuda del viento, que luego al llegar a una rama de su planta hospedante construye su propio estuche, nicho donde permanece toda su vida. Inicialmente se alimenta de la epidermis de la hoja, más tarde lo perfora y se localiza en el envés. A partir del quinto estadio larvario se arrastra por las ramas pasando de una hoja a otra para alimentarse. Al finalizar su desarrollo amarra su estuche con hilo de seda a una rama, cierra su parte superior y empupa dentro. Al emerger el macho adulto, busca una hembra madura y la fecunda introduciendo su abdomen que se distiende largamente, la hembra fecundada permanecerá allí hasta desovar por completo.

En los bosques de xerofíticos de Ayacucho es muy común registrarlo suspendido en las pencas de tuna (Foto 98), en las ramas de *Acacia macracantha* Willd. (guarango) (Foto 99), *Dodonaea viscosa* Jacq. (chamana) (Foto 100), *Schinus molle* L., 1753, *Spartium junceum* L., 1753 (retama), *Caesalpinia spinosa* (Molina) Kuntze y otras especies vegetales. En el guarango alcanza buena población con relación a lo registrado en la tuna. Por lo general tanto en el huarango y en la tuna es frecuente observarlo colgado, otras veces sacando la cabeza, arrsatrándose (Fotos 101 y 102), o sólo el estuche con la pupa en su interior (Foto 103); es muy probable que, durante su desplazamiento o arrastre, resulte presa de aves insectívoras silvestres que anidan en el bosque. En la tuna, la presencia de espinas que conforma su estuche es un indicador de su residencia, aunque se desconoce el órgano vegetativo de la tuna que le sive de alimento.

Figura 98. Cesto de *Oiketicus* sp. en penca de tuna.

Figura 99. Cesto de *Oiketicus* sp. en rama de guarango.

Figura 100. Cesto de *Oiketicus* sp. en rama de chamana.

Figura 101. Larva de *Oiketicus* sp. alimen-tándose de hoja de guarango.

Figura 102. Larva de *Oiketicus* sp. arras-trándose en tallo añejo de tuna

Figura 103. Pupa de *Oiketicus* sp.

Importancia económica

Oiketicus sp. es una especie potencialmente dañina, o plaga de los forestales y frutales de las quebradas y bosques xerofíticos de Ayacucho, en tanto que en la tuna no adquiere ninguna mportancia, debido a la escasísima población con que se presenta. Pero, si bien es cierto que se mantiene con escasa población y su daño es imperceptible, no deja de causar preocupación por ser un defoliador importante en el conjunto de arbustos y árboles en el ecosistema de la tuna.

Existe referencia que, en otros países, especies de este género en algunas ocasiones alcanzan poblaciones altas en cultivos y especies forestales, donde afortunadamente según los autores, un basto complejo de controladores biológicos los mantiene en la condición de plaga potencial. Al respecto Madrigal (2003) hace referencia que en Colombia García (1987) recuperó las avispas *Brachymeria* sp., *Psychidosmicra* sp., *Spilochalcis* sp. (Chalcididae) e *Iphiaulax psycidophagus* (Blanch) (Braconidae) de larvas de *Oiketicus kirbyi*; en tanto que Zanuncio et al. (1993), citado por el mismo Madrigal, registra para Brasil a los bracónidos *Apanteles oeceticola*, *Bracon lizerianus*, *Chiroteca bruchi*, *Iphiaulax allenensis*, *Iphiaulax sublucens* y los icneumónidos *Casinaria brasiliensis*, *Coccygomimus tomyris* e *Itoplectis brasiliensis* como parasitoides de larvas. Refiere también que él personalmente observó al ave *Turdus fuscater* tratando de extraer la larva del estuche o cesto que contenía *Oiketicus kirbyi*.

Medidas de control

En los bosques de tuna, *Oiketicus* sp. no requiere de medidas de control, más bien conviene identificarlos a nivel de especie y estudiar los factores que los mantiene en su estatus de especie potencial, que probablemente resulten diversos controladores biológicos como en otros países.

Fásmido de los tunales
(PALITOS QUE CAMINA, PALITOS VIVIENTES)

Ubicación taxonómica

Orden   : Phasmatodea
Familia   : Phasmatidae
Género   : No identificado (Probablemente *Diapheromera*)

Se desconoce el género y la especie a la que pertenece el "palito vivinte" del bosque de tuna; de acuerdo con sus características podría ubicarse dentro del género *Diapheromera*.

Antecedentes

En el Perú no existen estudios sistemáticos de los "palitos vivintes"; más aún para la Región Ayacucho. La única referencia corresponde a las especies *Bostra scabrinota* Redtenbacher y *Libethra minúscula* Rehn repotado por

Aguilar (1970) para las lomas costeras de Lima. En Ayacucho, a pesar de registrárseles con regularidad en los bosques xerofíticos, en los pastizales de puna y en la foresta del Valle de Rio Apurímac (VRAE), no ha merecido atención alguna; probablemente por carecer de "importancia".

Característica morfológica

El mimetismo es un carácter fundamental de los fásmidos. Se confunde con las hojas, ramas y demás estructuras vegetales de su hospedero. Por ejemplo, la especie registrada en los tunales, no aparenta ser insecto cuando se encuentra en reposo, más bien tiende a una ramita o chamiza seca o toma el color verde de la penca. Sólo cuando se encuentra en pleno movimiento podemos reconocerlo y distinguirlo de las estructuras vegetales. Típicamente presenta patas y antenas largas, cuerpo delgado y cilíndrico; protórax corto, meso y metatórax largos y no presenta alas.

Comportamiento

Se ha registrado que en reposo mantiene sus antenas y patas posteriores dobladas hacia atrás, adheridos a los lados del cuerpo, sosteniéndose únicamente con sus miembros anteriores y medios, que a su vez se encuentran extendidos a los lados de manera asimétrica con relación al cuerpo (Foto 104). Cuando es molestado, de inmediato extiende sus antenas y patas anteriores hacia adelante, luego se moviliza lentamente (Foto 105) o se deja caer al suelo (Foto 106), mimetizándose y confundiéndose entre los pedazos de ramas secas, haciendo difícil su diferenciación. Al caminar tiene movimiento lento, torpe y bambaleante; sin duda, en cualquier posición toma el aspecto de pequeña ramita seca o verde; característica que se sustenta por la forma y color del cuerpo para confundir a sus depredadores. Por lo general, la población del fásmido en la tuna es muy escasa y difícil de registrar, razón suficiente para considerarlo como una especie sin importancia económica o plaga potencial. En lo que respecta a los daños en la cactácea, no se ha observado sígnos destacables que preocupe su establecimiento; sin embargo, en el espacio de la penca ocupado por el espécimen y alrededor de ella, las espinas se muestran cortadas (Foto 107), con aspecto de una penca "afeitada" que llama la atención. En cuanto a su biología, Edhelnature (2005) indica que los fásmidos suelen reproducirse de dos formas: sexual y por partenogénesis. La partenogénesis es una reproducción asexual en la que las hembras ponen huevos clónicos, de los cuales salen especímenes que se parecen a la madre. Lo sorprendente de este grupo, según el mismo Edhelnature, es que de los huevos clónicos a veces salen machos. Otra de las peculiaridades es su capacidad para regenerar sus miembros perdidos. La regeneración explicada nos recuerda al crecimiento de una pequeña rama, en tanto que sus huevos se parecen a semillas. Puede ovopositar alrededor de 200 huevos cada hembra, lo que podría convertirse en una auténtica plaga.

Con relación a sus enemigos natutales, Madrigal (2003) denota que la población de fásmido es regulada por varias especies de taquínidos parasitoides de ninfas y adultos; en tanto que especies de otros grupos parasitan huevos y unas pocas se comportan como predadoras, resultando un complejo de controladores biológicos poco conocidos para los "insectos palo". Para el caso de los fásmidos de los diferentes bosques de Ayacucho, su escasa población hace suponer que probalemente este grupo de insecto se encuentra perfectamente regulado por sus parasitoides y aves insectívoras que abundan en el ecosistema. Sería importante desarrollar investigaciones de especies de Phasmatodea de la Regíon Ayacucho, como una contribución al conocimiento cintífico, sin desmerecer a muchos otros insectos de enorme importancia.

Importancia económica

Madrigal (2003) indica que, a pesar de la escasa importancia de los fásmidos, la literatura registra brotes esporádicos en Australia, Canadá, Estados Unidos y en el Pacífico Sur; según el mismo Madrigal, en Colombia se han registrado algunos brotes en plantaciones de *Pinus patula* desde 1986, en el cual se han encontrado hasta 12 especies diferentes. Para el caso peruano no hay registro de fásmidos que resalte su importancia.

Hylesia sp.
ORUGA "NEGRA CERDOSA O ESPINOSA" DE LA TUNA

Ubicación taxonómica

Orden	: Lepidoptera
Suborden	: Glossata
División	: Ditrysia
Superfamilia	: Bombycoidea
Familia	: Saturniidae
Género	: *Hylesia* Hübner, 182

Antecedentes

Existe escasa referencia de especies del género *Hylesia* (Saturniidae) en la literatura nacional. Como un caso particular, Grados (1989) hace referencia a *Hylesia Annulta* Schaus 1911 y a *Hylesia humbrata* Schaus1911 para la Zona Reservada de Tumbes, pero no existe información alguna sobre este género para Ayacucho.

Característica morfológica

La "oruga negra cerdosa" es de color café oscuro, casi negro, de 05 cm de longitud (Foto 108). Entre segmento y segmento abdominal lleva "manojos" de cerdas de tonalidad amarillo naranja o ámbar, siendo los manojos bastante notorios cuando la larva se desliza y ondula el cuerpo. Las cerdas se parecen a las espinillas de la tuna fruta, que en conjunto matiza el cuerpo de la oruga del color de los manojos de cerdas. Bastante visible a distancia.

Comportamiento

En la tuna se le encuentra de manera casual y esporádica, posada o deslizanádose en la penca tierna. Se alimenta del tejido suculento del cladodio, causando úlceras profundas y de gran tamaño, mucho mayor que las ocasionadas por *Chloridea virescens* y otros insectos masticadores de tejido tierno. Cuando se le perturba retuerce el cuerpo bruscamente o se encoge y luego se moviliza lentamente ondulando el tronco corporal, lo mismo que cuando se moviliza de una penca a otra vecina, dejando a su paso profundas e irregulares cavernas ulcerosas, acompañadas de abundante excremento (Foto 109). Por lo general, tanto en la tuna como en el "sunchu" *Viguiera lanceolata*, que también resulta su hospedero (Foto 110), se le registra únicamente durante los meses lluviosos del año (enero a marzo), temporada benigna que se convirte en la estación favorable para la vida de este gusano. Se desconoce su hospedero preferencial y el porqué de su escasísima población. Se precisa que son casualidades de encontrarlos después de un largo recorrido en el bosque, siendo mucho más frecuente en el "sunchu" que en la tuna. Sin ninguna duda, cuando se hospeda en la tuna la consecuencia de sus daños es de gran magnitud, aún cuando se trate de una sola larva, a diferencia de lo que ocurre en el "sunchu" donde sus daños no son evidentes o diferenciables por la abundancia del follage. En el molle (*Schinus molle*) se ha registrado a la "oruga cerdosa" infectada de hongos que lo momifica antes de que se transforme en pupa (Foto 111). En la tuna, la penca dañada por el Saturniidae con el tiempo se muestra deforme y el área afectada carachosa, dificultando de esa manera la inplantación de la cochinilla. La crianza de la larva en laboratorio resulta dificultosa, del intento de varias crianzas no se ha logrado obtener el adulto.

Importancia económica

La "oruga cerdosa" debe ser considerada como una especie categoría potencial o sin importancia econónica, categoría resultante de la escasísima e rregular población con que se presenta, tanto en la tuna como en el "sunchu" y el molle.

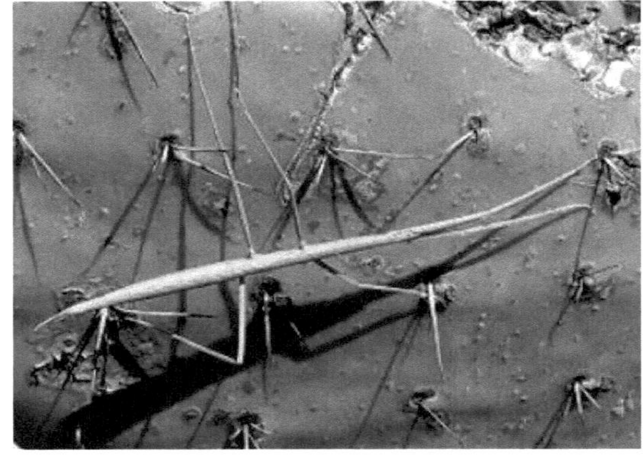

Foto 104. Phasmidae en reposo sobre penca de tuna.

Foto 105. Phasmidae movilizandose.

Foto 106. Phasmidae movilizandose en el suelo del bosque de tuna.

Foto 107. Pencas de tuna con las espinas cortadas por el fásmido.

Foto 108. "Oruga cerdosa" de la familia tuna Saturnidae.

Foto 109. Larva y daño de la "oruga cerdosa".

2.1.2 Insecto Raspador Chupador de la Tuna

Con el nombre de "raspador chupador" se conoce comúnmente a los "trips", quienes efectivamente se caracterizan por raspar los tejidos tiernos de su planta hospedante, para que fluya savia y luego chuparlo. En el caso de la tuna, *Frankliniella* sp. prefiere la flor y de allí pasa al fruto cuajado y a la penca tierna, razón por la cual se comporta como el insecto más dañino y peligroso de la tuna cultivada, tan igual que *Leptoglossus* zonatus, la hormiga cortadora *Acromyrmex* sp. y la langosta en los bosques de tuna.

Frankliniella sp.
(TRIPS DE LA TUNA O TRÍPIDO DE LAS FLORES)

Ubicación taxonómica

Orden	: Thysanoptera
Suborden	: Terebrantia
Familia	: Thripidae
Subfamilia	: Thripinae
Género	: *Frankliniella* Karny
Especie	: No identificada

Antecedentes

El género *Frankliniella* es un grupo predominante en la región neotropical, habiéndose registrado 106 especies para esta región, de 156 a escala mundial (Raven, 1992). Según Ortiz (1977) en el Perú existen 37 especies pertenecientes al género *Frankliniella*.

En Ayacucho, Jerí y Conde (2002) al evaluar el nivel de infestación y el daño de *Frankliniella* sp. en tuna cultivada del valle de Huanta, determinaron que el "trips de la tuna" se comporta como una plaga ocasional y de mucha importancia económica para la producción comercial de la tuna fruta. Indican que el daño del trípido comienza desde que aparece el botón floral hasta entrar a la fase de fruto verde. Según los autores mencionados, la mayor infestación ocurre en primavera, estación del año en la cual se registran hasta 10 especímenes por botón floral y 237 por cada flor. Señalan además que la mayor cantidad de frutos dañados se registran durante la cosecha de verano (enero-marzo) con relación a la del invierno (julio-setiembre).

Característica morfológica

Frankliniella sp., es de color marrón oscuro, con una franja ancha, amarilla tenue, a la altura del mesotórax y otras muy delgdas entre los segmentos abdominales (Foto 112); en tanto que las ninfas íntegramente amarillentas

Comportamiento

Al revisar una flor de tuna en horas de fuerte radiación solar, se observa que el trípido se moviliza ágilmente, busca que introducirse hacia la base de los pétalos y estambres, o tratan de abandonar su hospedero. De manera peculiar ninfas y adultos levantan el abdomen como aparente signo de defensa o baten sus alas como pretendiendo levantar vuelo por la molestia.

En la tuna la mayor población de adultos y ninfas del trípido viven dentro de la flor (Foto 113), probablemente raspando la base de los pétalos. Más tarde, de la flor pasan al "ombligo" del fruto (área cóncava del tálamo) o migran a las pencas tiernas cercanas. En todos los casos raspa el tejido tierno para que fluya jugo que le sirve de alimento. Como es de esperar, el daño a la estructura floral pasa desapercibido, más bien es bastante notorio en el fruto verde cuando éste cuaja y entra en proceso de crecimiento y desarrollo, al tiempo que los pétalos y toda la estructura floral muestran signos claros de marchites; entonces es el momento preciso en el cual el trípido, tanto en su forma adulta y ninfas I y II, se trasladan a la concavidad del tálamo u "ombligo" y empiezan a raspar el tejido del área mencionada (Fotos 114, 115 y 116), y de toda la parte externa del fruto (Fotos 117 y 118), mientras que la estructura floral se va conviertiendo en "pucho" seco pegado al "ombligo". Con el tiempo toda el área afectada se muestra carachosa y totalmente de mal aspecto, de manera similar que en ambas caras de la penca tierna (Foto 119).

En cuanto a la gravedad e incidencia de daño del trípido en la tuna, éstas son muy altas desde fines de primavera y durante todo el verano lluvioso (enero a marzo), especialmente cuando se presentan los "veranillos", momento en el cual es común registrar gran cantidad de frutos con diversos grados de lesión; mayormente con el "ombligo" carachoso al igual que toda la cáscara del fruto. Dependiendo de la intensidad del daño, la "caracha" puede ser poco visible o mostrarse totalmente de mal aspecto, muchas veces con el "ombligo" putrefacto. La putrefacción se debe a que al daño del "trips" acompaña el daño de *Cryptarcha* sp., con quien compite por la flor y por el espacio que ofrece el "ombligo"; en este caso, el daño de ambas especies permite mayor afloramiento del mucilago que al contaminarse de patógenos se putrefacta, favorecido por la humedad de la lluvia. Afortunadamente las

Foto 110. "Oruga neegra cerdosa" en *Viguiera lamceolata*.

Foto 111. "Oruga negra cerdosa" infectada de hongo.

Foto 112. Adulto de *Frankliniella* sp. (trips de la tuna)

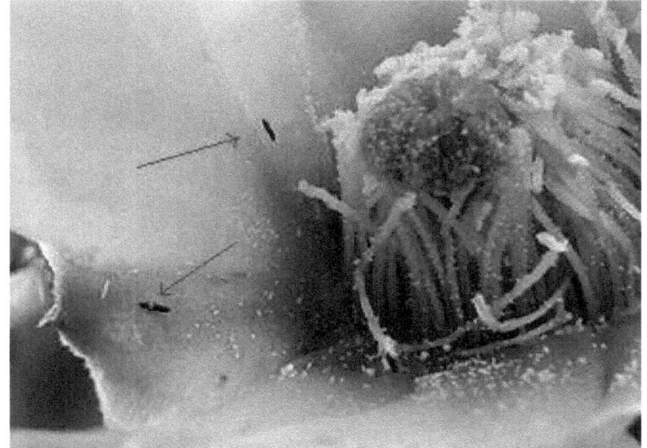

Foto 113. Adultos de *Frankliniella* sp. en el interior de la flor de tuna.

Foto 114. Daño leve de *Frankliniella* sp. en en el borde superior del "ombligo" de fruto verde de tuna.

Foto 115. Daño en el integro del "ombligo" del fruto verde de tuna, por el raspado de *Frankliniella* sp.

Foto 116. Desarrollo de hongo negro en el "ombligo", luego del daño de *Frankliniella* sp.

Foto 117. Fruto verde con signos de daño de *Frankliniella* sp.

Foto 118. Fruto "carachoso" por el daño de *Frankliniella* sp.

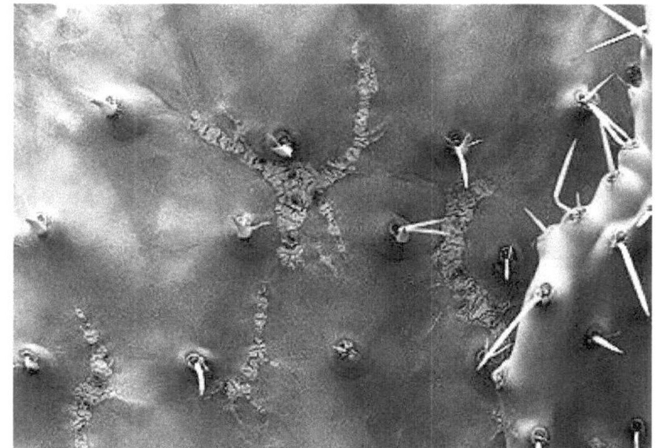

Foto 119. Penca tierna con signos de daño de *Frankliniella* sp.

Foto 120. *Geocoris* sp. en botón floral de tuna, infestado de *Frankliniella* sp.

Foto 121. Total de frutos de una penca con signos de daño de *Frankliniella* sp.

fuertes radiaciones solares de los veranillos se encargan en gran medida a cicatrizar la herida.

En lo que respecta al comportamiento poblacional del trípido en los bosques de tuna, se ha determinado que la época crítica para este insecto corresponde los meses fríos y secos que empieza en abril y se acentúa de junio a setiembre, periodo desfavorable que coincide con la escasez de flores de la cactácea; en esta situación sólo es posible registrar de cero a tres especímenes del trípido en algunas flores, en tanto que los frutos verdes se muestran sanos o con pequeños signos de daño; por el contrario cuando empieza caer las primeras precipitaciones en primavera y despierta la planta, las pencas del año comienzan a emitir gran cantidad de brotes florales y brotes de "paleta" que se convierten con igual cantidad en flores y pencas tiernas, consecuentemente población alta del "raspador chupador". Indudablemente las lluvias benignas favorecen al trips, no así los chaparrones.

Importancia económica

Frankliniella sp. debe ser considerada como una especie dañina en la tuna por afectar mayormrnte al órgano de cosecha. Afortunadamente durante la temporada de abundancia del trípido es frecuente registrar a *Geocoris* sp. (Foto 120), posiblemente predando al trípido; no obstante, la población del trípido viene en ascenso en los bosques de tuna como consecuencia de las aplicaciones químicas realizadas para controlar *Schistocerca piceifrons peruviana*. Tal es el caso que en años posteriores a las aplicaciones químicas drásticas entre 1998 y 2003, periodo de explosión de langosra por efecto del fenómeo climático El Niño, se logró contabilizar hasta un 90 % de frutos dañados en la localidad de Wari (Foto 121).

2.1.3 Minador de Frutos de la Tuna

Existe daños en forma de minaduras en la tua fruta, cuya especie o agente dañino no está identificado y es totalmete desconocido. Su presencia es rara e inusual; sin duda, cuando infesta el fruto reliza daños a manera de minas serpenteantes bajo el epicarpio. Las minas repercuten en el aspecto del fruto o en la aparente "calidad" y consecuentemente en su valor comercial.

Minador de fruto de tuna
(PROBABLEMENTE DE LA FAMILIA GRACILLARIIDADE)

En la tuna no es común registrar minas en el fruto, tampoco en la penca o cladodio; sin embargo, como un caso particular y único, se registró minas serpenteantes en algunos frutos maduros, muy parecidas a galerías hechas por larvas de "mosca mnadora" (Diptera) o de "larvas minadoras" de la familia Gracillariidae (Lepidoptera); pero, sin presencia del agente causal; razón por el cual, se desconoce el tipo de larva y consecuentemente el género, la familia y orden a la cual pertenece. Para el caso particular del "minador de frutos de la tuna" (Foto 122); las minas serpenteantes fueron registradas de manera casual en el año 2005 en un grupo de frutos que el campesino recolector lo había selecionado para el mercado. A partir de aquel año se trató de observar periódicamente y de manera minuciosa, tanto los frutos verdes y maduros, como las pencas tiernas y órganos diversos de la tuna y no se volvió a registrar.

A consecuencia del seguimiento y búsqueda del "minador", daños similares se registraron bajo la epidermis del tallo de *Echinopsis peruviana*, cactácea conocida comúnmente como "sankay" o "gigantón". En los tallos tiernos de esta cactácea fue común observar minas serpenteantes y minas lagunares de manera conjunta (Fotos 123 y 124). Se estima que inicialmente la larva realiza mina serpenteante y cuando próximos a empupar de forma lagunar, debido a su mayor tamaño; además las minas lagunares abandonadas, siempre muestran un orificio de salida del adulto (Foto 125), con ingreso de patógenos que compromete el área minada. Al final se muestra negra a manera de caracha. No se tiene claro si la especie que afecta a la cactácea silvestre corresponde a la misma especie que daña al fruto de la tuna, o a una especie distinta. La preocupación deviene por que en la tuna fruta no se registra minas lagunares, tampoco minas serpenteantes y lagunares al mismo tiempo en las pencas tiernas y añejas. Parece que la larva que mina la tuna fruta no logra completar su desarrollo por la rapidez con que el fruto alcanza la madurez. Para el caso particular del "sankay", en febrero de 2006, en la localidad de Waripampa (distrito de Quinua, Ayacucho), al descubrir y exponer varias minas lagunares de varios tallos tiernos, se logró registrar larvas de diferentes tamaños y tonalidades; las más pequeñas de color blanquizco y las más desarrolladas de color rojizo (Fotos 126 y 127). La larva rojiza alcanzaba los 06 mm de longitud aproximadamente. Varias larvas rojisas con pedazo de tallo del "sankay" se crío en laboratorio, pero no se logró recuperar el adulto. Visto la larva a mayor aumento y la fotografía tomada, corresponde a larva de un microlepidoptero, la que probablemente podría pertenecer a la Familia Gracillariidae. Se precisa que la presencia de minas en el tallo de la cactácea silvestre es muy abundante, de tal manera que en en los meses de enero a marzo no existe planta de "sankay" alguna que no muestre minaduras recientes en los tallos jugosos y minas de años anteriores en abubdancia en los tallos añejos; observándose casi en el integro de los tallos innumerables lesiones a manera de "caracha" y ampollas amarillentas en los tallos nuevos. La población abundante del "sankay" afectado y el nivel de daño en la cactácea, nos permite considerarlo como el hospedero preferencial del minador.

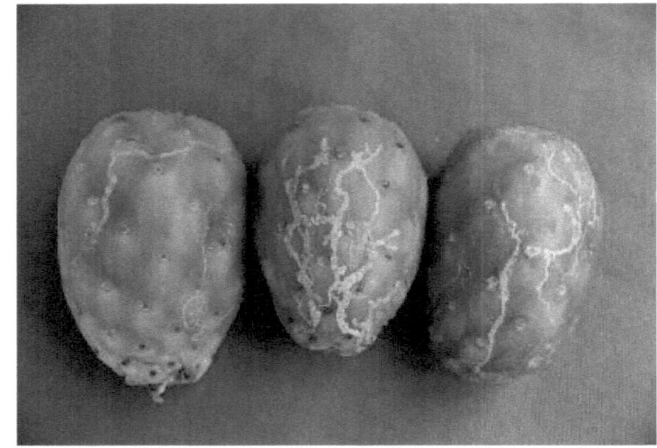

Foto 122. Frutos de tuna con minaduras de insecto.

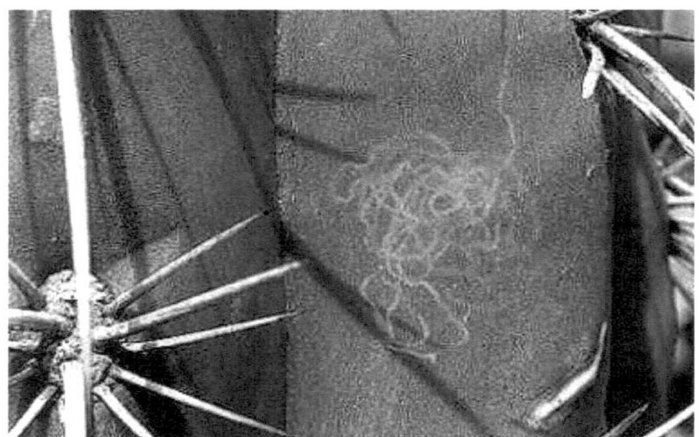

Foto 123. Minas serpenteantes en tallo de *Echinopsis peruviana*.

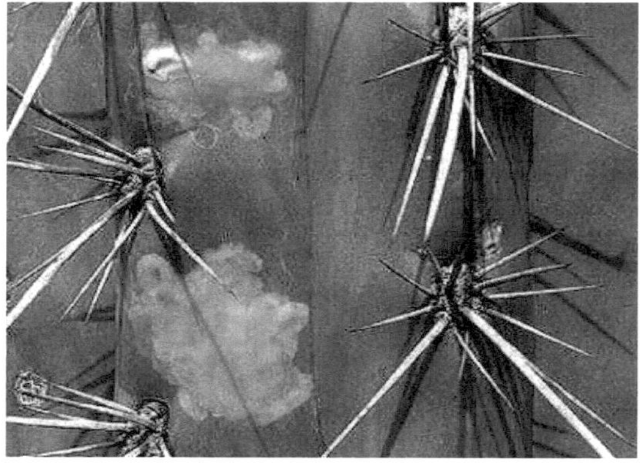

Foto 124. Minas lagunares en tallo de *Echinopsis peruviana*.

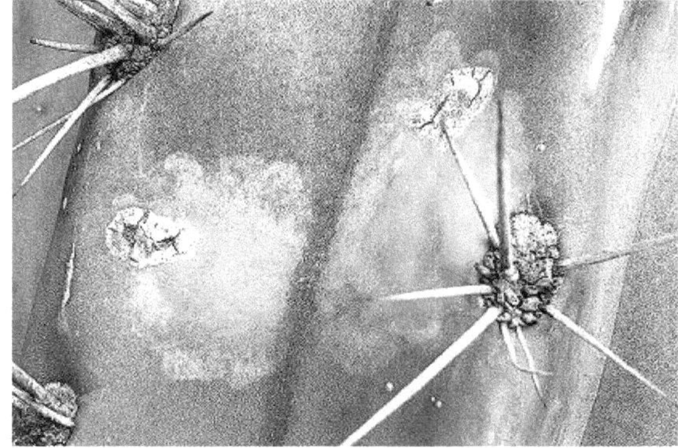

Foto 125. Minas lagunares abandonadas con signos de salida de la larva.

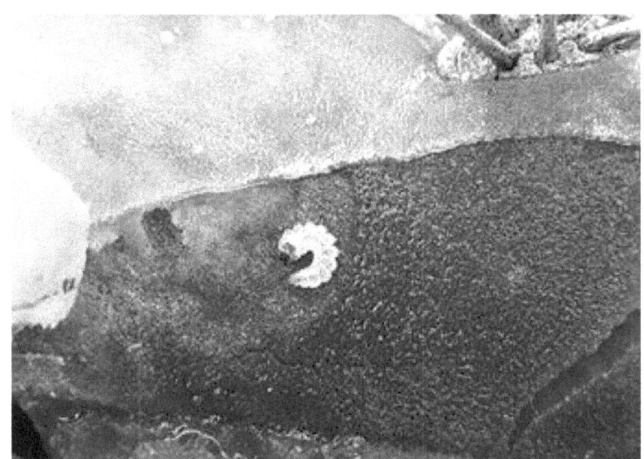

Foto 126. Larva minadora en tallo de *Echinopsis peruviana*.

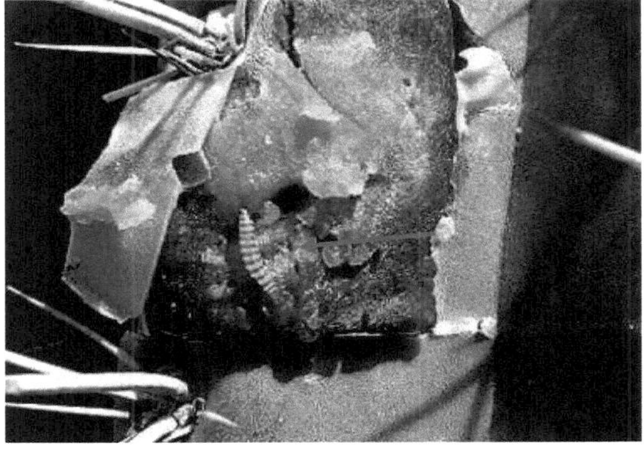

Foto 127. Larva minadora en tallo de *Echinopsis peruviana*.

Características de las minas en la tuna fruta
Las minas en la tuna fruta no comprometen la pulpa, tampoco es seguida de pudrición posterior; aspectos por las cuales permite al campesino recolector considerar al fruto minado, dentro del grupo que viaja a los mercados, aún cuando se trata de mercados tan distantes como los de la costa.

Importancia económica

El "minador" de fruto de la tuna, no debe ser subestimado, podría tratarse de una adaptación del "minador del sankay", u otra especie particular. Cualquiera sea el caso, la población dañina podría incrementarse por las aplicaciones químicas que se realizan todos los años en los tunales para controlar *Schistocerca piceifrons peruviana*. Es de esperar que la adapatación del "minador del sankay" a la tuna, traería consecuencias muy abversas para los intereses del campesino recolector, debido a que la presión del mercado cada vez exige frutos libres de cualquier daño, más aún si se pretende abastecer con el producto a los supermercados de la capital.

2.1.4 Insectos Picadores Chupadores

Existen insectos que se alimentan del jugo de la tuna fruta y de las pencas tiernas. Como producto de las picaduras los órganos afectados se atrofian, deforman o son infectados por microorganismos patógenos. Entre los "picadores chupadores" destacan diversas especies conocidas comúnmente como chinches, caso *Leptoglossus* zonatus, *Paraedessa heymonsi*, *Pellaea* sp., *Pseudococcus* sp. (cochinilla harinosa) y *Aphis craccivora* Koch (pulgón negro).

Leptoglossus zonatus (Dallas)
(CHINCHE, PATAS DE HOJA O CHINCHE APESTOSA)

Ubicación taxonómica

Orden	: Hemíptera
Suborden	: Heteróptera
Superfamilia	: Coreoidea
Familia	: Coreidae
Subfamilia	: Coreinae
Género	: *Leptoglossus* Guerin
Especie	: *Leptoglossus* zonatus (Dallas)

Antecedentes

Según Schader y Panizzi (2000) *Leptoglossus zonatus* ocurre al Este de los Andes en América del Sur, específicamente en Surinam, Ecuador, Brasil y Paraguay. El mismo autor hace referencia a Amaral y Cajueiro (1977) y a Costa Lima (1940) e indica que esta especie se comporta como una plaga en la agricultura brasileña y tiene como hospedero la guayaba, naranja, carambola, calabaza, granada, mandarina y mango, donde ocasionalmente pica los frutos y facilita la entrada de esporas del hongo *Penicillum*. Sobre lo mismo, Raven (s.f) indica que *Leptoglossus* zonatus es observada sobre una gran variedad de plantas hospedantes, especialmente del género *Psidium*, que según Costa Lima (1940), citado por Raven, produce caída y podredumbre de los frutos de mango y tangerinos.
Para Ayacucho, Flores y Ayala (1983), Vilca (1999) y Vilca (2009) lo registran como *Leptoglossus* sp. entre los insectos más dañinos de la tuna.

Característica morfológica

El adulto de *Leptoglossus stigma* mide de 18 mm a 20 mm de longitud, es de color marrón café, con dos manchas amarillas en el protórax, ambas separadas por una línea media oscura; además cada mancha está salpicada de varios puntos negros. El escutelo presenta una mancha amarilla en el vértice posterior a manera de un pequeño triángulo amarillo. Los fémures posteriores llevan dos pequeñas espinas en su borde externo y cinco pares de espinas en el borde interno. Los hemiélitros están atravesados en su parte media por una línea delgada, amarilla, en forma de zig-zag (Foto 128); en tanto que las tibias posteriores están ensanchadas mostrando dos salientes en su borde externo y varios dientes en el borde interno, más un punto amarillo pegado a la línea media y una gran mancha amarilla ubicada en el borde interno.

Las ninfas tienen movimiento lento y torpe al igual que los adultos. Cuando pequeñas son de color rojizo, con patas y antenas largas, características que los mantiene hasta poco antes de alcanzar el estado adulto; momento en el cual toma el color y aspecto de sus padres.

Comportamiento

En el órgano fructífero la tuna, *Leptoglossus* zonatus se comporta como la "plaga" más importante y abundante entre los picadores chupadores. Se caracteriza por frecuentar la planta desde el inicio de floración, continúa picando los frutos verdes, hasta frutos pasado la madurez; tanto adultos como ninfas (Fotos 129 y 130).

En el caso de la ninfa, ésta aparece en diciembre y resulta abundante en el periodo lluvioso de enero a marzo, época en la cual vive y crece formando colonias protegidas por sus progenitores, quienes andan y vigilan muy cerca de ellas. Es importante tener en cuenta que entre enero y marzo existe altísima población del chinche, disperso o en grupo, bien sea ninfas o adultos solos, o ambos formando colonia numerosa.

Durante toda la fase ninfal y luego como adulto, pica y chupa el jugo de los frutos verdes y maduros de la tuna, órganos en los cuales es posible registrar al menos dos especímenes en cada fruto. Es casi raro observarlo en forma solitaria. Sus daños en las flores no son visibles, tampoco determinantes en comparación a lo que realiza a nivel de los frutos. Durante el día al chinche se le encuentra picando y succionando el jugo de los frutos verdes o en proceso de maduración, pero especialmente de los maduros. Es probable que prefiere el jugo de los maduros.

Para alimentarse, el cinche se ubica en el órgano de su preferencia y orienta la proboscis o "pico" hacia abajo, poniendo la punta en contacto con la superficie donde introducirá los estileres. Inicia el proceso doblando la base de la proboscis en forma de "V", transcurrido un corto tiempo, retrae toda la proboscis ventralmente, pegándolo al cuerpo, mientras continúa introduciendo el resto del paquete de estiletes hasta pegar totalmente la cabeza y el cuerpo a la superficie del substrato alimenticio, en tanto que sus patas los extiende a los lados del cuerpo. Terminado de alimentarse, para retirar el órgano picador chupador, levanta todo el cuerpo, al tiempo que extrae los estiletes y empieza a enfundarlo dentro de la proboscis, flexionando la cabeza arriba y abajo hasta que logra su propósito. En tal caso, primero introduce la base del estilete en el pico, ayudándose con sus patas anteriores como si estuviera frotándo su proboscis desde la base hacia la punta, acción que lo repite dos a tres veces al tiempo que flexiona la cabeza. Concluida la operación retrae y oculta el pico bajo su cuerpo y empieza caminar.

En cuanto a la fluctuación poblacional de ninfas de *L. stigma* en la tuna, Vilca (2009) determinó que en el bosque de tuna de la localidad de Waripampa (Quinua, Ayacucho), éstas ocurren con mayor población desde diciembre hasta el mes de mayo del año siguiente (Fig. 9). A partir del mes de junio la población del "chinche" disminuye drásticamente hasta prácticamente "desaparecer" a finales de julio y en algunos casos hasta noviembre. También determinó que el chinche inicia a producir ninfas a partir del mes de noviembre, mientras que las últimas ninfas logran madurar y pasar a la fase adulta en el mes de julio. La ocurrencia de ninfas a partir de noviembre hasta julio del año siguiente guarda relación con la existencia de órganos tiernos y jugosos de la tuna (botón floral, flor, fruto en diferentes estados de desarrollo), con las condiciones climáticas benignas que empieza a partir de setiembre al elevarse la temperatura, y con la humedad en el ambiente, producto de las precipitaciones. Indica también que la lluvia no es un factor de riesgo para las ninfas, razón por lo cual la población y desarrollo de ninfas se mantiene de manera normal en los meses de mayor precipitación (enero, febrero y marzo); por el contrario, las bajas temperaturas que ocurren a partir de junio, ligado a la sequedad del campo y ausencia de tejidos tiernos en las plantas, limitan su actividad y reproducción, consecuentemente ausencia del estado ninfal en el periodo frio y seco de invierno. Para el caso de los adultos, el mismo Vilca (2009) encontró que existe alta población en dos momentos (Fig. 10): el primero de enero a junio y el segundo de setiembre a la primera quincena de noviembre. En el primer caso, cuando el chinche se encuentra disperso en el bosque en busca de órganos fructíferos de la tuna que picar; en tanto que el segundo, durante el periodo de hibernación en la tuna, "molle" *Schinus molle*, "sankay" o "gigantón" *Echinopsis peruviana* (Foto 131) y en la "ankukichka" *Opuntia subulata* (Foto 132).

Durante la hibernación basta registrar una sola colonia en la planta de tuna para contabilizar buena población, que aparentemente podría causar preocupación; pero, afortunadamente en esa condición no ocasiona daño, excepto en los escasos frutos cercanos al "enjambre".

Durante el día y a pleno sol, el adulto es muy activo, vuela de una planta a otra en busca de frutos que picar. Tiene vuelo distanciado, algo torpe y característico. Por lo general aprovecha el calor de los rayos solares para movilizarse y resulta mucho más fácil observarlo picando y chupando el jugo de los frutos o apareados sobre los frutos y pencas de la tuna. Las poblaciones del chinche que se refugian e hibernan en otros hospedantes ajenos a la tuna, pasado el invierno regresan para alimentarse de los frutos, permitiendo que su población se manifieste con mayor evidencia. En el verano, la población alta de adultos proviene de la nueva generación de ninfas que logran completar su desarrollo y pasar a la fase adulta; sin embargo, luego de alcanzar alta densidad, gradualmente se ahuyenta nuevamente al descender la temperatura, para juntarse en sus hospedantes estratégicos y pasar el periodo frio y seco de junio a setiembre, siendo así difícil de visualizarlos en la época de invierno. La gregarización de junio a setiembre por el frio y la escasez de órganos frutíferos en la tuna nos demuestra la estrecha coevolución del parásito y su planta hospedante.

En cuanto a los daños se precisa que la picadura en el fruto verde ocasiona signos y síntomas característicos; por ejemplo, en el punto de penetración del estilete, conforme el fruto desarrolla, se observa hundido a manera de ombligo, y cuando las picaduras son numerosas el fruto queda pequeño, no desarrolla y finalmente toma un color amarillo pálido, pasmado con signo claro de la picdura (Fotos 133 y 134), muy parecido al fruto atrofiado cuando la langosta daña el botón floral; mientras que en la fruta por madurar y maduro, en los "puntos picados" se observa más tarde un halo

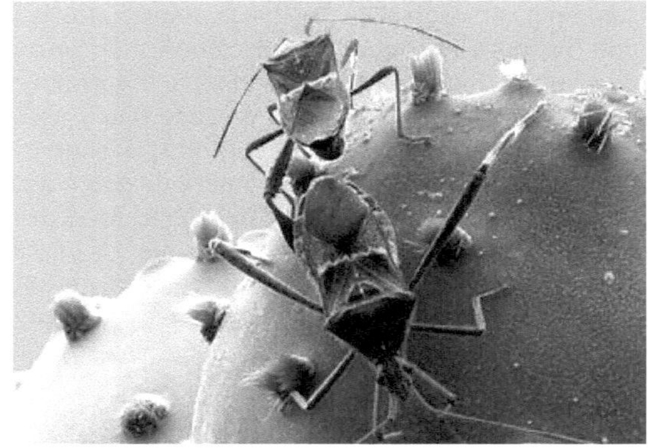

Foto 128. Pareja de *Leptoglossus zonatus* en fruto de la tuna.

Foto 129. Ninfas de *Leptoglossus* zonatus en la flor de tuna.

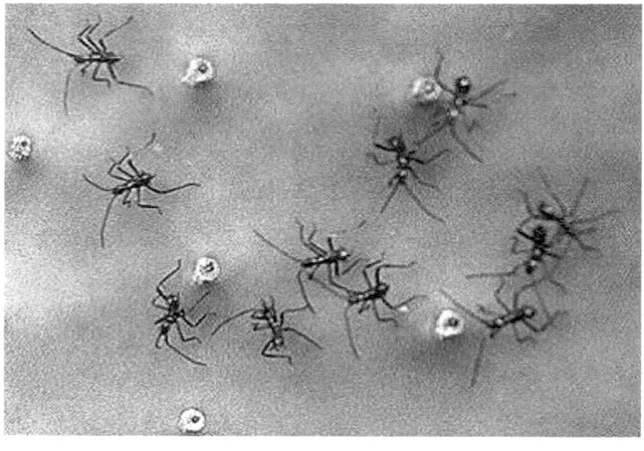

Foto 130. Ninfas de *Leptoglossus zonatus* en penca tierna de tuna.

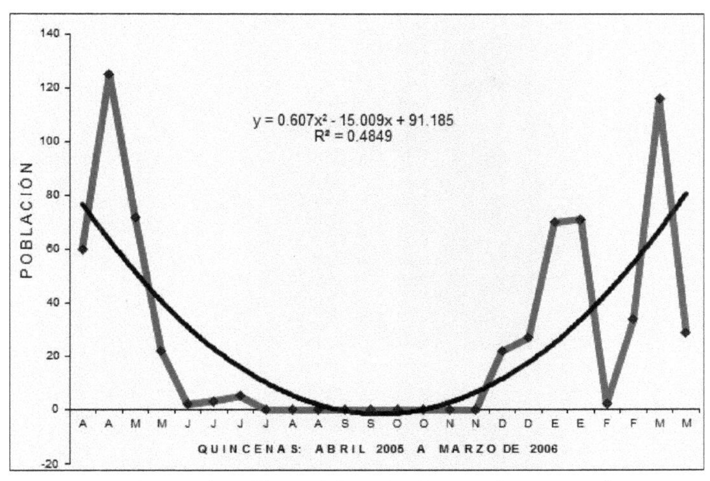

Figura 9. Fluctuación poblacional de ninfas de *Leptoglossus* sp. en bosque de tuna. Waripampa, Ayacucho (Vilca, 2009).

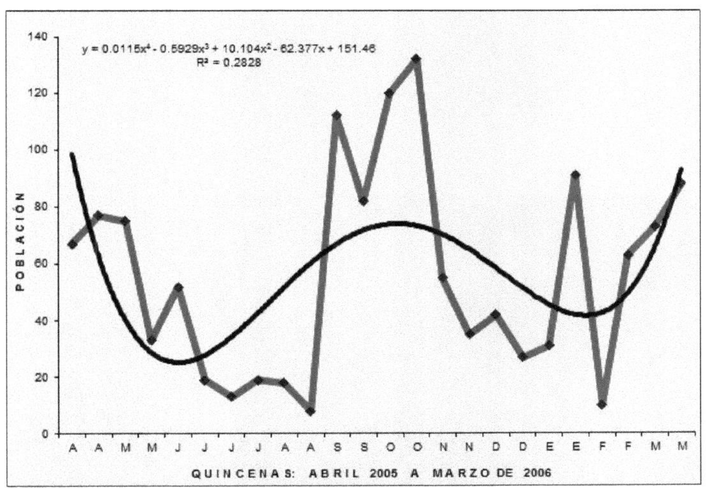

Figura 10. Fluctuación poblacional de adultos de *Leptoglossus* sp. en bosque de tuna. Waripampa, Ayacucho (Vilca, 2009).

Foto 131. *Leptoglossus zonatus* hibernando en el tallo interno de *Echinopsis peruviana* (sankay).

Foto 132. *Leptoglossus zonatus* hibernando en *Opuntia subularta* (anku kichka).

Foto 133. Fruto "pasmado" con signo de picdura de *Leptoglossus zonatus*. Fruto dañado cuando verde.

Foto 134. Fruto "pasmado", mostrando el daño secundario de *L. zonatus*

Foto 135. Halo necrótico y punto de penetración del estilete de *L. zonatus*

Foto 136. Fruto infectado por patógeno, trasmitido durante la picadura *L. zonatus*.

necrótico (Fotos 135 y 136), mostrando en el centro un fino agujero por donde ingresó el paquete de estiletes. Se entiende que al introducir los estiletes también introduce patógenos.

Generalmente los frutos dañados no son cosechados por los campesinos o los coge para su consumo o suministrarlos a los cerdos; en todo caso son frutos perdidos que no pueden ser aprovechados para la comercialización. Con toda seguridad se puede afirmar que no existe bosque de tuna alguno donde no se observe gran número de frutos con signos de daños del picador chupador.

Importancia económica

En el bosque de tuna, *Leptoglossus zonatus* se comporta como una plaga clave y de gran importancia económica, tanto por la alta población con que se mantiene en los tunales y por la magnitud de sus daños, directa e indirectamente, desde el momento en que aparece el botón floral hasta cuando el fruto se encuentra listo para la cosecha.

Está determinado que la mayor cantidad de frutos abandonados en el campo, descartados para el mercado, es producto del daño de *Leptoglossus zonatus*. Indudablemente, el fruto resulta ser el órgano de mayor preferencia para el chinche. En el bosque de tuna de Waripampa-Quinua, Ayacucho, Vilca (2009) logró contabilizar 1573 especímenes en el fruto, producto de 24 evaluaciones en el año que duró su investigación, seguido por los 355 especímenes registrado en pencas maduras, 54 especímenes en las pencas tiernas y 17 especímenes en la flor; cantidades que representan el 78 %, 18 %, 3 % y 1 % de la población total anual (Fig. 11) respectivamente. Según el investigador mencionado, la mayor población registrada en los frutos se debe a que tanto las ninfas como los adultos, prefieren el jugo de este órgano como substrato alimenticio; mientras que la población registrada en las pencas maduras mayormente corresponde a la población gregaria de invierno durante el periodo frío y seco del año (junio, julio, agosto, setiembre).

Durante la primavera (octubre, noviembre y diciembre) y verano (enero, febrero y marzo) los adultos y ninfas desarrolladas utilizan las pencas añejas sólo para el tránsito, reposo, o para la cópula los adultos; mientras que las pencas tiernas y la flor son ocupadas mayormente por las ninfas recién emergidas, o cuando están en tránsito y busca de órgano fructífero que picar. Debe entenderse que la primvera y el verano corresponden a épocas de mayor actividad del chinche. Finalmente, el mismo Vilca (1999) indica que existe un periodo bastante prolongado donde es posible registrar la mayor abundancia de frutos con síntomas claros de picaduras, periodo que corresponde a los meses de enero, febrero, marzo, abril y mayo, en los cuales los frutos se encuentran mayormente en proceso de maduración o maduros.

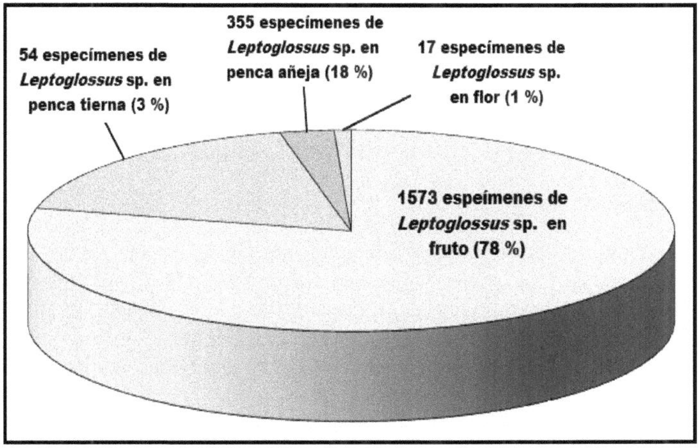

Figura 11. Población de *Leptoglosus* sp. en la flor, fruto, penca tierna y penca madura de tuna. Waripampa, Ayacucho (Vilca, 2009).

Medidas de control

La medida de control estaría orientado en practicarlas durante dos periodos de vida del chinche: una en época de hibernación, localizando los "enjambres" de adultos en sus plantas hospedantes (tuna, anku kichka, sankay y molle) para luego aplicar insecticida de contacto sólo a los "enjamnres" y la segunda durante el periodo de reproducción, recolectando manualmente las ninfas al encontrarse agrupadas a manera de pequeños "enjambres" en la tuna; de no ser posible dirigir de manera focalizada aplicaciones químicas de manera similar que a los adultos.

Paraedessa heymonsi (Breddin)
(GARRAPATA DE LA TUNA)

Ubicación taxonómica

Orden   : Hmiptera
Suborden   : Heteroptera
Infraorden : Pentatomorpha
Familia   : Pentatomidae

Subfamilia   : Pentatominae
Género   : *Paraedessa*
Especie   : *Paraedessa heymonsi* (Breddin)

El género *Paraedessa* inicialmente fue reportado como *Edessa* (Silva *et al.*, 2013). El mencionado género incluye chinches grandes, ovalados, de cuerpo robusto, cabeza corta y relativamente ancha. Presenta scutellum prolongado hasta más allá de la mitrad del abdomen, y el ápice del scutellum generalmente puntiagudo o estrechamente redondeado; en tanto que las membranas de los hemiélitros, no mucho más amplia que el córium.

Antecedentes

Para Ayacucho, Perú, Raven (1969) registra a *Edessa heymonsi* Verdín, pero no precisa su su hospedante, tampoco su importancia. En la actualidad se sabe que *Edessa heymonsi* corresponde a *Paraedessa heymonsi* (Breddin), registrada para Perú y Bolivia (Silva *et al.*, 2013), y que se encuentra dañando diferentes órganos de la tuna (Vica-Vivas y Vilca-Pizarro, 2023)

Característica morfológica

El chinche *P. heymonsi* (garrapata de la tuna) presenta la cabeza, protórax y scutellum de color verde turquesa, brillante, acompañado de finas puntuaciones hendidas de color marrón oscuro; en tanto que la membrana de los hemiélitros son marrones o café oscuro. En reposo, el abdomen del mencionado pentatomidae sobresale ligeramente los márgenes laterales de las alas. Ventralmente el cuerpo es de color marrón claro, que vira a palo rosa. Muestra surcos transversales de color marrón oscuro que separa claramente los segmentos toráxicos y abdominales; además lleva pequeños surcos laterales a manera de barras entre las divisiones segmentarias, tanto en el tórax como del abdomen, y puntuaciones hendidas de color marrón oscuro distribuido en toda la parte ventral del cuerpo.

Las patas, antenas, ojos y la proboscis son de color marrón amarillento. Asimismo, el segmento terminal de la proboscis descansa en un surco inter-coxal de las patas medias. Mide de 13 mm a 15 mm de longitud al estado adulto. Las ninfas son de tono amarillento, viven agrupadas en sus hospederos y generalmente acompañado de sus progenitores.

Comportamiento

En el bosque de tuna, tanto ninfas y adultos de *Paraedessa heymonsi* es registrada en grupo, prendidas como "garrapatas" sobre las pencas tiernas; de allí el nombre común asignado. A pesar de existir con elevada población en la tuna y diversas otras cactáceas, así como en diferentes especies de plantas herbáceas, arbustivas y arbóreas, caso *Echinopsis peruviana* (sankay), *Nicotiana* sp. (tabaco silvestre), *Tagetes minuta* (huacatay), *Passiflora* sp. (tumbo silvestre), *Viguiera lanceolata* (sunchu), *Cassia* sp. (mutuy) y *Schinus molle* (molle), nunca ha merecido atención alguna; sobre todo, porque siempre se ha subestimado la producción de la tuna fruta del bosque y a sus agentes dañinos; tanto las plagas y enfermedades que afectan la producción. La recolección de la fruta fruta y la cochinilla, así como toda actividad de usufructo de los recursos del bosque, siempre están en manos de humildes campesinos.

En cuanto a la actividad del chinche, Vilca (2007 y 2023) indica que infesta la tuna desde octubre hasta abril del año siguiente, periodo en el cual existe en abundancia pencas tiernas; gracias a que la cactácea aprovecha eficientemente la escasa humedad del suelo, provenientes de las precipitaciones de primavera. Eficiencia que le permite entrar rápidamente en actividad, mostrando brotes de fruto y de "paleta"; entonces, conforme aparecen las pencas tiernas, éstas son infestadas por el adulto del "chinche", que para la temporada de primavera regresa de sus plantas hospedantes de invierno, el molle y tumbo silvestre, en busca de jugo fresco de la tuna que chupar. Según el mismo Vilca (2007 y 2023), la mayor gradación de adultos se registra a finales del año (Fig. 12), para luego descender durante el periodo lluvioso de enero a marzo; sin duda la mayor población de ninfas ocurre de febrero a abril (Fig. 13).

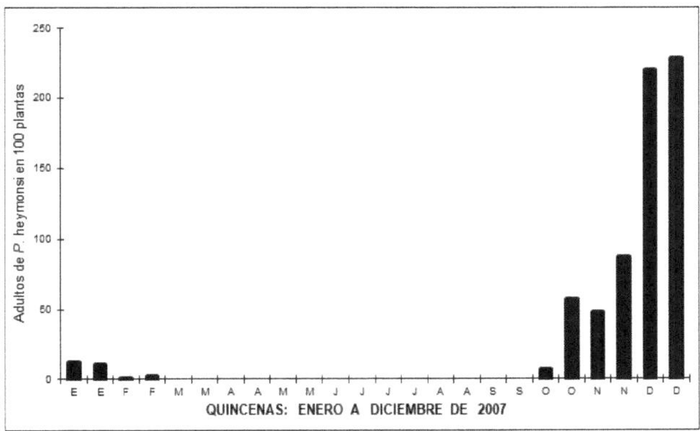

Figura 11. Fluctuación poblacional de adultos de *Paraedessa heymonsi* en pencas tiernas de 100 plantas de tuna. Waripampa, Ayacucho (Vilca, 2007).

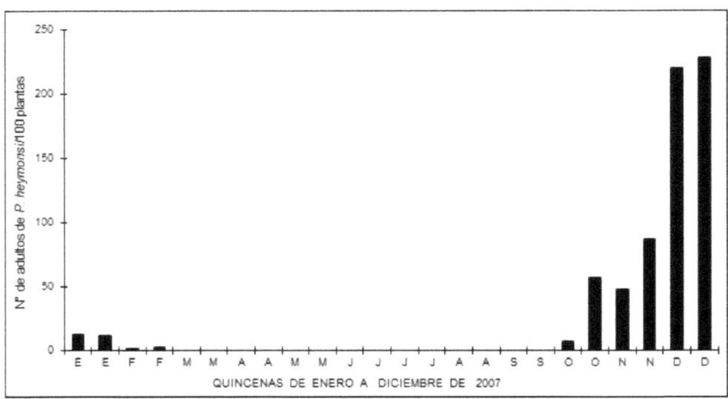

Figura 12. Fluctuación poblacional de ninfas de *Paraedessa heymonsi* en pencas tiernas de 100 plantas de tuna. Waripampa, Ayacucho (Vilca, 2007).

El periodo de mayor abundancia del adulto, respecto al de las ninfas, guarda relación con el modo de aprovechar sus potenciales hospederos; por ejemplo, de octubre a diciembre, mientras los adultos pican las nuevas pencas en desarrollo (Foto 137), no existe otras plantas que utilizar como substrato de alimentación, sobre todo cuando la lluvia cae de manera esporádica; razón por la cual se concentra en la tuna. Sin duda, a partir de enero cuando crecen las plantas herbáceas en el bosque, caso *Tagetes minuta* (huacatay) (Foto 138), *Viguiera lanceolata* (sunchu) (Foto 139), y *Nicotiana* sp (tabaco silvestre) (Foto 140), éstas resultan mucho más atractivas para sus propósitos; entonces la población de adultos abandona la planta de tuna y se refugia en las plantas herbáceas; en tanto que las ninfas nacidas durante la permanencia de sus "padres" en la tuna, no tiene la capacidad de abandonar su hospedante inicial y permanecen allí hasta alcanzar mayor desarrollo; es por tal situación que de febrero a marzo las ninfas existen con buena población en las pencas tiernas, para luego cuando desarrolladas buscar otras plantas que aprovechar como lo hace sus progenitores

En el caso del molle (Foto 141) durante la temporada fría y seca del año, periodo de hibernación del chinche, la elevada población que se concentra en este árbol provoca secamiento total de las hojas y ramas tiernas, cuando la planta no supera los tres metros de altura. Luego de secar una planta migra a otra vecina y causa el mismo daño. Pasada la temporada fría se dispersa nuevamente en el bosque, en esta oportunidad en busca de nuevas pencas tiernas, debido a que en el campo la vegetación silvestre todavía se mantiene seca; entonces, apenas los brotes de paleta crecen con las primeras lluvias, nuevamente son infestadas por adultos como en el año anterior, y posteriormente por las ninfas. La flor y ocasionalmente el fruto verde y la flor del "sankay" (Foto 142) corre la misma suerte; pero, conforme las precipitaciones se acentúan y las plantas herbáceas rebrotan y desarrollan, el chinche migra de la tuna hacia ellas y pasa la temporada lluviosa allí, para finalmente regresar y agrugarse nuevamente en las ramas tiernas del molle, cerrando así el ciclo anual de todos los años.

Como es característico en los chinches fitófagos, *Paraedessa heymonsi* tiene la característica de segregar un líquido fétido como mecanismo de defensa cuando es molestado, vuela rápidamente de una planta de tuna a otra durante el día, mientras no se alimenta. Para alimentarse, introduce los estiletes y permanece prendido en ella hasta saciar su apetito, en esa situación se mantiene quieta e indiferente, no se desprende aún cuando es perturbado, de allí el nombre común de "garrapata de la tuna". Cuando en una penca se alimenta buena población, las picaduras se manifiestan a manera pinchazos con aguja (Foto 143), tornándose la paleta amarillenta y deforme con el tiempo, aunque no llegan a secarse completamente; en tanto que las pencas pequeñas con toda seguridad se marchitan totalmente.

Importancia económica

Paraedessa heymonsi es una especie ocasional y potencialmente dañina en la tuna. Su ataque es más intenso cuando las precipitaciones se retrasan y porque en esa situación sus hospedantes principales no rebrotan. Comparando la gravedad del daño ocasionado por el insecto en sus diferentes hospedantes, el molle resulta el más afectado, debido a que este árbol soporta elevada población, por ser el único substrato alternativo de sobrevivencia del chinche durante el invierno, le sigue la penca tierna de la tuna en orden de gravedad; en tanto que en las plantas herbáceas silvestres antes mencionadas no causa mayores daños, debido a que éstas abundan en la temporada lluviosa, capaz de cobijar a la elevada población del insecto.

Como un caso particular, a fines de junio del 2005 en la localidad de Waripampa (Quinua, Ayacucho), a 2750 msnm., se registró agrupado gran población de *Paraedessa heymonsi* en una planta de *Schinus molle* de 2.5 m de altura; en esa ocasión se contabilizó 480 especímenes adultos, algunas ninfas de último estadío y varios adultos en cópula en las ramas tiernas del árbol; dos semana más tarde los terminales infestados se mostraban amarillentos y gran parte marchitos producto de las picaduras y succión de la savia; en tanto que los chinches habían migrado ha otra planta contigua. A fines de julio, la misma planta de molle mostraba todas sus hojas y terminales secos, como si estuviese quemado por las heladas que normalmente ocurren en las noches. La helada nunca afecta al molle.

Foto 137. Población de *Paraedessa heymonsi* en brotes de penca.

Foto 138. Ninfas de *Paraedessa heymonsi* en *Tagetes minuta* (huakatay).

Foto 139. *Paraedessa heymonsi* en *Viguiera lanceolata* (sunchu).

Foto 140. *Paraedessa heymonsi* en tabaco silvestre

Foto 141. Rama tierna de molle infestada de *Paraedessa heymonsi*.

Foto 142. *Paraedessa heymonsi* en botón floral de *Echinopsis peruviana* (sankay).

Medidas de control

Durante el verano lluvioso, se puede practicar aplicaciones químicas dirigidas a adultos y ninfas que se encuentran refugiados en las plantas herbaceas, especialmente en el tabaco silvestre.

No se recomienda realizar aplicaciones químicas en la tuna a fin de proteger a su predador principal *Argiope argentata* debido a que en primavera mientras el chinche se moviliza en busca de pencas tiernas que picar y depositar sus ninfas, gran población de adultos caen presa en la red de la mencionada araña (Foto 144). Las ninfas escapan a la acción del predador porque su actividad se concentra cerca del suelo en busca de pencas tiernas y mayormente en áreas sombreadas.

Pellaea sp.
(CHINCHE DE PASIFLORA SILVESTRE)

Ubicación taxonómica

Orden	: Hmiptera
Suborden	: Heteroptera
Infraorden	: Pentatomorpha
Familia	: Pentatomidae
Subfamilia	: Pentatominae
Género	: *Pellaea*

Antecedentes

En la literatura mundial, Henry (1984) cita a *Pellaea stictica* (Dallas) para Argentina, Brasil, Colombia, Ecuador, Guayana, México, Panamá, Costa Rica, Paraguay, Perú, Venezuela y los Estados Unidos. Esta misma especie es registrada por González *et al.* (2016) para la Región Piura (Perú); mientras que, para Colombia Madrigal (2003) registra a *Pellaea* sp. como "grajo puntuado" atacando el árbol conocido como "casco de vaca".

En Ayacucho, una espcie del género *Pellaea* (especie no identificada), inicialmente fue registrado en *Passiflora* sp. (granadilla silvestre), luego de manera ocasional sobre la flor y penca de la tuna y más tarde en la leguminosa *Cassia* sp. (mutuy). De las tres especies hospedantes, *Cassia* sp. y *Passiflora* sp. resultan de su preferencia (observación personal).

Característica morfológica

El adulto de *Pellaea* sp. registrado en Ayacucho, presenta la cabeza, protórax, escutelo y parte coriácea de las alas anteriores de color café oscuro, densamente salpicados de puntos café-claros. El abdomen sobresale ligeramente por los lados de las alas y muestra un ribete con barritas negras y rojas de aspecto peculiar. El abdomen, al levantar las alas, muestra un lustroso color verde oscuro iridiscente; en tanto que el escutelo alcanza el margen posterior del quinto segmento abdominal; características que concuerdan con lo descrito por Madrigal (2013).

Comportamiento

Para el caso de Colombia, Madrigal (2003) indica que en el árbol "casco de vaca", *Pellaea* sp. coloca sus huevos en grupo en el envés de las hojas y su progenitora no tiene cuidado maternal. Según el mismo Madrigal, las ninfas prefieren tejidos tiernos, caso botones florales y hojas tiernas; en tanto que en los últimos estadios y el adulto las vainas y hojas del mismo árbol.

En el bosque de tuna de Waripampa y Wari (Quinua-Ayacucho), tanto ninfa y adulto de *Pellaea* sp. prefiere picar y chupar el jugo del fruto de "tumbo silvestre", limitando su desarrollo, luego pasmado (Foto 145) y finalmente marchitez general. Al ser molestado segrega un líquido de olor repugnante como medio de defensa. Tiene como hospedero preferencial a *Cassia* sp. (mutuy) y a *Passiflora* sp.

La granadilla silvestre crece de manera dispersa, trepada al molle y al sankay de los bosques de tuna. En los hospedantes de su preferencia se puede registrar con alta población, tanto en su fase adulta y ninfal, mientras que en la tuna es ocasional, dispersa y esporádica. Es importante precisar que durante la época fría y seca de junio a setiembre se registra con alta población en sus hospedantes preferenciales. Pasada la temporada fría se dispersa y es común registrarla individualmente en diferentes partes del bosque de tuna, posada sobre la penca (Foto 146) o picando en el interior de la flor (Foto 147).

Importancia económica

Pellaea sp. no tiene mayor importancia en la tuna, en comparación a *Paraedessa heymonsi* razón por la cual no debe motivar preocupación alguna, aún cuando es muy abundante en sus hospedantes principales. En la tuna tiene como predador a la araña *Argiope argentata* (Foto 148). No se descarta que en el futuro podria convertirse en plaga seria en las pasifloráceas cultivadas.

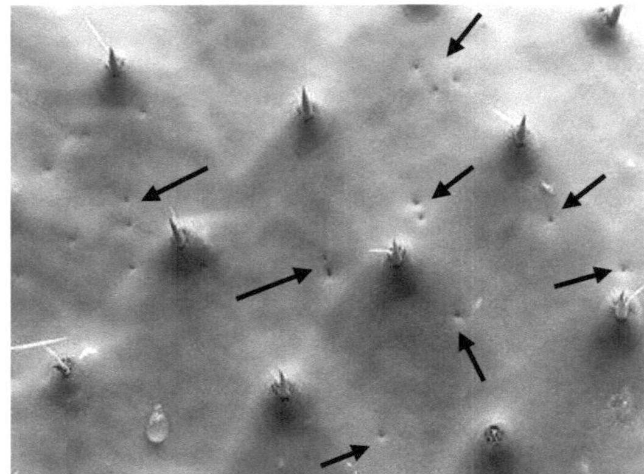

Foto 143. Picaduras de *Paraedessa heymonsi* en penca tierna.

Foto 144. *Paaraedessa heymonisi* atrapada en la red de *Argiope argentata*.

Foto 145. Fruto de *Passiflora* sp., pasmado por el daño de *Pellaea* sp.

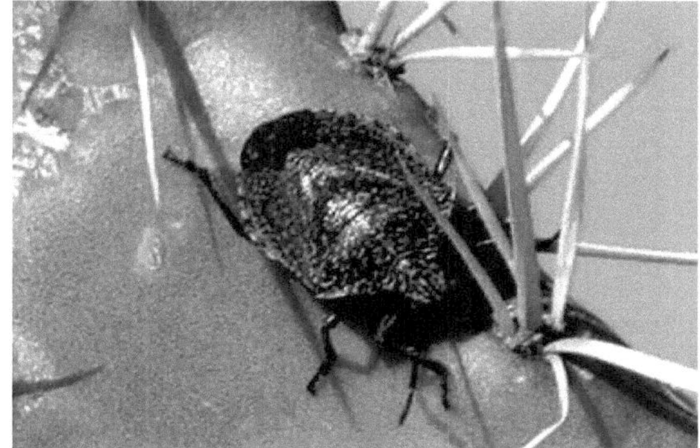

Foto 146. *Pellaea* sp. en penca añeja de tuna.

Foto 147. *Pellaea* sp. en la flor de tuna.

Foto 148. Adulto de *Pellaea* sp. capturado en la red de *Argiope argentata*.

Pseudococcus sp.

(COCHINILLA HARINOSA)

Ubicación taxonómica

Orden   : Hemiptera
Suborden   : Sternorryncha
Superfamilia   : Coccoidea
Familia   : Pseudococcidae
Género   : *Pseudococcus*

Antecedentes

Para Europa, Ecobici *et al.* (2004) reportan a *Pseudococcus adonidum* L. como una plaga de las cactaceas.

En 1998, *Pseudococcus* sp. fue registrado por primera vez en plantas de tuna de varias localidades de la provincia de Huamanga (Ayacucho). Se estima que la ocurrencia del fenómeno natural conocido como "El Niño" en ese año, fue el factor determinante en el comportamiento del Pseudococcidae y en el incremento de *Schistocerca piceifrons peruviana* por varios años posteriores. En el caso de la "cochinilla harinosa", la infestación en la tuna persistió hasta el 2003, aunque con escasa población. En años sucesivos al 2003 prácticamente desapareció a consecuencia de la fuerte sequedad ambiental y heladas inesperadas en las noches de invierno (época seca de junio a setiembre), acompañado de acentuadas e irregulares precipitaciones con presencia veranillos prolongados desde primavera (octubre, noviembre y diciembre) y casi todo el periodo lluvioso del verano (enero, febrero y marzo); condiciones climáticas que persistieron hasta la última evaluación del 2010.

De la evaluación del pseudocóccido en 1998, con relación a su distribución y población en varias localidades de la provincia de Huamanga, se determinó diferentes niveles de infestación, variando en densidad del siguiente modo: 16 % de plantas de tuna infestadas en la localidad de Wari, 14 % en La Compañía, 18 % en Atoqpampa, 4 % en Wichqana, Huatatas y Yanama, 18 % en San José de La Viñaca y 0.0 % en Pucaqasa, Totorilla y Santa Bárbara (Cuadro 3).

Cuadro 3. Porcentaje de plantas de tuna infestadas de *Pseudococcus* sp. y población promedio del pseudococcido con relación a sus depredadores en 10 localidades de la provincia de Huamanga.

Lugares	Meses (1998)	% Plts. Infest	*Pseudococcus* sp.			*S. hexasticta*		Lepidop.
			♀	♂	Ninfa	Adulto	Larva	Larva
Wari	Enero	16	22	3	52	-	1	-
Compañia	Enero	14	33	10	129	-	-	-
Atoqpampa	Enero	18	50	3	73	5	3	-
Pucaqasa	Enero	-	-	-	-	-	-	-
Wichqana	Febrero	4	2	-	17	-	-	-
Totorilla	Febrero	-	-	-	-	-	-	-
La Viñaca	Febrero	18	31	2	111	2	1	1
Huatatas	Febrero	4	7	2	24	-	-	-
Yanama	Febrero	4	10	1	43	-	1	1
S. Bárbara	Marzo	-	-	-	-	-	-	-

Comportamiento

La "cochinilla harinosa" tiene la característica de vivir formando colonias en el tercio medio a inferior de la planta de tuna, añeja. Se ubica en las grietas profundas de "tallos" añosos y costrosos (Foto 149). Se posesiona debajo de las "costras del tallo" o grietas cicatrizadas profundas, ocultas y protegidas de los rayos solares, siendo en esa situación difícil de localizarlo a simple vista. No tiene preferencia por las pencas tiernas. Por lo general, la colonia de Pseudocóccidae atrae abundante población de hormiga *Camponotus* sp, el mismo que lo protege de sus controladores biológicos. La hormiga protectora se alarma cuando la colonia bajo su amparo es molestada. Generalmente al formícido se le observa transitando desde su hormiguero hacia la colonia del Pseudococcidae y viceversa, que por lo general no se encuentra muy distante. Existe una estrecha asociación entre ambos, la hormiga brinda protección al Pseudococcidae y en respuesta a la protección la "cochinilla harinosa" le proporciona alimento (secreción azucarada). Entre los predadores de *Pseudococcus* sp. de la tuna en Ayacucho, resalta adultos y larvas de *Zagreus hexasticta* (Cramer) y la larva de una pequeña polilla (Lepidoptera) no identificada, aunque en ambos casos con escasa población.

Importancia económica

En los tunales de Ayacucho *Pseudococcus* sp se comporta como una plaga ocasional de escasa importancia. Su gradación alta está relacionada con la edad avanzada de la planta de tuna y con la alta humedad en el bosque, especialmente cuando la precipitación de la temporada lluviosa se presenta de manera regular en años sucesivos; de lo contrario la sequedad ambiental

Foto 149. Tallos añejos de tuna con grietas profundas donde hospeda *Pseudococcus* sp.

Foto 150. Brote de fruto infestado de *Aphis craccivora*.

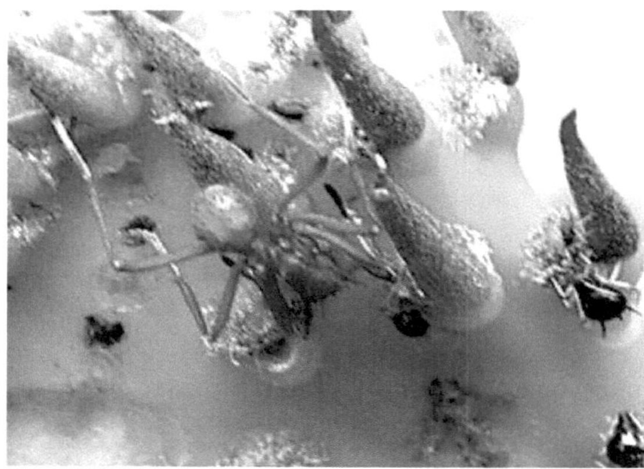

Foto 151. Población de *Aphis craccivora* y *Acromyrmex* sp. en competencia.

Foto 152. Larva de *Scymnus* sp. en colonia de *Aphis craccivora*.

Foto 153. Larvas de *Neda* sp en penca tierna infestada de *Aphis craccivora*.

Foto 154. *Neda* sp. en penca tierna infestada de *Aphis craccivora*.

propio de los bosques xerofíticos es un factor limitante que actúa como un freno natural en la regulación de la población.

Aphis craccivora Koch
(PULGÓN NEGRO DE LA TARA)

Ubicación taxonómica

Orden   : Hemiptera
Suborden   : Sternorrhyncha
Familia   : Aphididae
Género   : *Aphis*
Especie   : *Aphis craccivora* Koch

Antecedentes

Aphis craccivora es una especie cosmopolita, mundialmente conocida como pulgón negro de las leguminosas. Para el Perú, Valencia y Cárdenas (1973) indican haber colectado *Aphis craccivora* de brotes tiernos de *Prunus avium* (cerezo), Valencia *et al.* (1975) en cultivo de haba del Valle del Mantaro (Junín); por su parte Lizárraga (1992) reporta para la localidad de Mala (Cañete, Lima). Para Ayacucho, Andía (1989) indica que en la tara el "pulgón negro" se comporta como una plaga ocasional, influenciada directa e indirectamente por la humedad de las precipitaciones; mientras que la altitud hasta los 3121 msnm no influye en la gradación del mencionado pulgón.

Característica morfológica

Según Karavyanskii (1975), *A. craccivora* es de color marrón oscuro brilloso, de cuerpo ovoide, áptero, de 1.4 a 2.1 mm de longitud. La antena alcanza los dos tercios de la longitud del cuerpo. La hembra alada tiene el cuerpo más estrecho que la hembra áptera. Presenta sus apéndices blanquecinos como carácter importante.

Comportamiento

En la tuna el "pulgón negro" (Fotos 150 y 151) tiene presencia temporal, esporádica y sin importancia económica. Sin duda la infestación depende de la existencia de plantas de *Caesalpinia spinosa* (tara), árbol en la cual se comporta como una plaga clave, compitiendo con *Acromyrmex* sp, *Frankliniella* sp. y *Freysuila* sp. Precisamente de enero a marzo, tanto en la tara como en la tuna existen órganos tiernos de su preferencia y consecuentemente abundancia del pulgón y de sus depredadores *Hippodamia convergens*, *Cycloneda sanguinea*, *Scymnus* sp. (Foto 152),

Pseudodorus sp., *Chrysoperla externa* y principalmente larvas y adultos de *Neda* sp. (Fotos 153 y 154); en tanto que en la temporada fría y seca de junio a setiembre sobrevive en las parcelas de alfalfa y en la tara cultivada; luego de la cual, al iniciar la temporada lluviosa, el áfido regresa de los campos cultivados al bosque cuando la planta de tara emite órganos tiernos y se hace atractiva para la reproducción y sobtrevivencia. Sin duda, es importante reconocer que la tara constituye el hospedero primcipal del "pulgón negro" en Ayacucho.

Importancia económica

De acuerdo con obsercaciones de varios años, se ha logrado determinar que *Aphis craccivora* no es de importancia en la tuna. La cactácea sólo es infestada durante el periodo lluvioso de enero a marzo y cuando la planta de tuna se encuentra cerca o bajo la sombra de plantas de tara, cuya altura supera los 08 metros. El tamaño de los árboles y el conjunto de plantas que involucra el ecosistema en algunos espacios mantiene húmedo el ambiente interno del bosque, haciendo propicia la colonización del áfido en los brotes y pencas tiernas de la tuna; comportamiento que es raro en bosques con predominancia de tuna únicamente.

Medidas de control

El "pulgón negro" no tiene mayor importancia en la tuna, a diferencia de la magnitud con que se presenta en los bosques y en las plantaciones de tara. En muchos lugares la alfalfa y la tara comparten ecosistema y las flores de ambas especies atraen diversas avispas, abejas y abejorros; además moscas y adulto de lepidópteros que frecuentan con abundancia; aspecto que son poco frecuente en áreas con cultivo de haba que también resulta su hospedante.

2.1.5 Insectos saprófagos

Copestylum sp.
(MOSCA DE LAS PENCAS PODRIDAS)

Ubicación taxonómica

Orden   : Diptera
Suborden   : Brachycera
Infraorden   : Muscumorpha (Cyclorrhapha)
División   : Aschiza
Superfamilia   : Syrphoidea
Familia   : Syrphidae

Subfamilia   : Eristalinae
Tribu   : Volucellini
Género   : *Copestylum* Macquart

Antecedentes

En el Perú, según Raven (1993), el género *Copestylum* Macquart está representado con 58 especies, la mayoría de las cuales existen en la selva y una en la costa y sierra. Indica que la especie referida para la costa y sierra corresponde a *Copestylum cockerelli* (Curran) y que, por su cuerpo compacto, ancho de color marrón es semejante y frecuentemente confundido con los miembros de la familia Tabanidae. Su tamaño alcanza hasta 25 mm de longitud. Según Wirth et al. (1965), citado por el mismo Raven, sus larvas son saprófagas y viven en cactáceas en proceso de descomposición.

Característica morfológica

Copestylum sp. registrado en los tunales de Ayacucho es una mosca de color marrón café, de aspecto brilloso, con ojos dióptico o monóptico que ocupa la mayor parte de la cabeza. El color de la cabeza es algo más claro con relación al del cuerpo; en tanto que la frente de color amarillo ámbar. Presenta las antenas con la arista plumosa y las alas hialinas. Mide de 11 a 15 mm de longitud; mientras que la larva del sírfido es blanca cremosa con la parte posterior terminal delgado y oscuro a manera de cola de ratón cortada. Al final de su desarrollo se torna crema oscura, con el cuerpo de consistencia endurecida. Empupa en la misma penca podrida que al final queda o aparenta a "pellejo seco" o "hueso de la tuna" como lo denominan los campesinos ayacuchanos.

Comportamiento

Durante el día *Copestylum* sp. es observado sobrevolando las plantas de tuna o posada en la penca (Foto 155), de preferencia en pencas dañadas y con signo de putrefacción; precisamente la mosca deposita sus huevos en dicho substrato, lugar en donde la larva vive, se alimenta y completa su desarrollo para finalmente empupar (Foto 156). Compite por el sustrato putrefacto con larvas de *Cryptarcha* sp. (Col.: Nitidulidae) y con la de Otitidae (Diptera). Caso similar y con el mismo comportamiento se presenta en el tallo putrefacto de *Echinopsis peruviana* (gigantón o sankay) (Foto 157). Sin duda, la mayor población de larvas ocurre en los meses de verano y otoño (Fig. 13) (Vilca, 2012), debido a que la alta humedad en el verano lluvioso contribuye con la descomposición de las pencas dañadas (heridas), mientras que, en la época seca de junio a setiembre, las fuertes radiaciones solares cicatrizan rápidamente las heridas y consecuentemente repercute en la escasez de substrato de postura para el saprófago. Por lo general, al descubrir una penca o tallo putrefacto, encontramos gran cantidad de larvas en la pulpa acuosa (Foto 158); muchas veces compitiendo con larvas de otros saprófagos.

La larva conforme crece y desarrolla, termina por descomponer completamente la penca, a tal punto que la pudrición es visualizada a distancia, al mostrarse de color marrón oscuro, muy acuoso a la palpación y a veces chorreando un líquido fétido café amarillento por algún orificio. Por lo general en una misma penca podrida se suele registrar larvas de *Copestilum* sp. compartiendo espacio con larvas de Otitidae y *Cryptarcha* sp.

La larva al completar su desarrollo no abandona la penca podrida para empupar, sino que lo hace en el mismo substrato que le sirve de nicho; para ello la penca descompuesta debe encontrarse en proceso de secamiento (Foto 159), gracias a la fuerte radiación solar que ocurre durante el día, al tiempo que la larva completa su ciclo de desarrollo. Se desconoce la duración del ciclo biológico y la especie a la que pertenece el sírfido.

Un caso particular ocurre con las pencas podridas con larvas que se encuentran en el suelo; éstas son hociqueadas por cerdos y zorrinos, quienes buscan la larva para alimentarse. Ambos mamíferos actúan como potenciales controladores biológicos de la larva; en tanto que el adulto es capturado por *Oyopes* sp. (Foto 160) o atrapado en la red de *Argiope argentata*.

Importancia económica

Copestilum sp. se comporta como una especie con daño secundario en la tuna. Afortunadamente no afecta tejido vivo. Sin duda, la gran cantidad de pencas dañadas por animales domésticos y las cortadas por el campesino, luego de infectadas por patógenos del ambiente, constituyen con el tiempo fuentes importantes de atracción para la postura y consecuentemente abundancia de la mosca, especialmente al finalizar la época lluviosa.

Medidas de control

Copestylum sp. no requiere ninguna medida de control. Más bien la larva de este saprófago sirve de alimento al zorrino y a los cerdos ambrientos que diambulan en el bosque de tuna. En todo caso se debe recomendar al campesino evitar causar heridas en las pencas durante la recolección de la tuna fruta y la coschinilla y buscar alternativas de uso de la penca para alimentar a sus animales domésticos, evitando el sobrepastoreo.

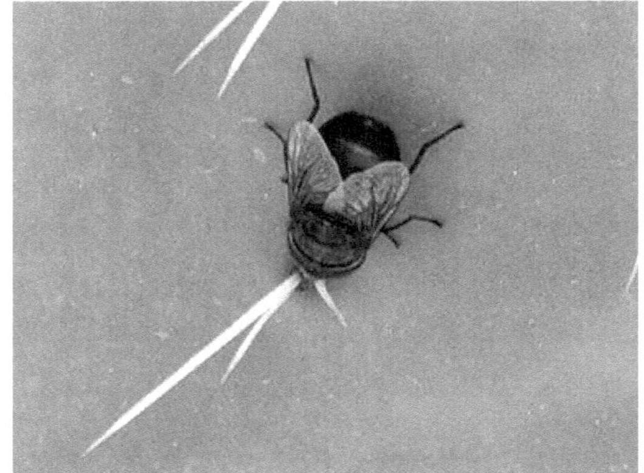

Foto 155. Adulto de *Copestylum* sp. en penca de tuna.

Foto 156. Penca totalmente podrida.

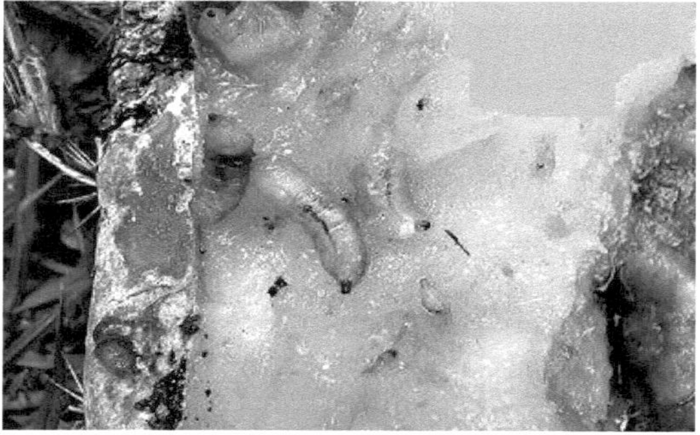

Foto 157. Larva de *Copestylum* sp. en tallo de *Echinopsis peruviana* en proceso de descomposición.

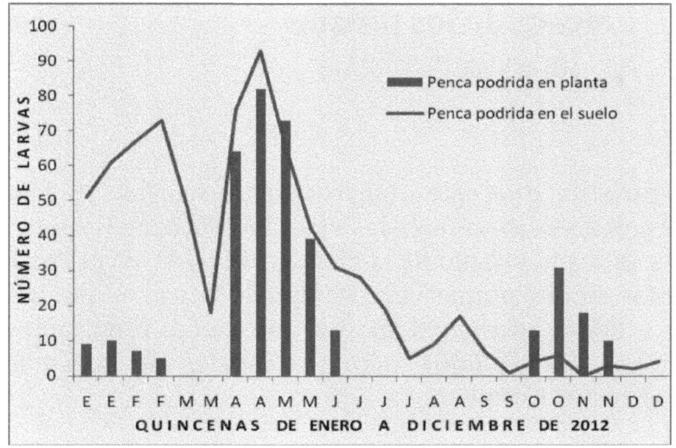

Figura 13. Número de larvas de *Copestylum* sp. en pencas podridas de tuna, tanto en el suelo y en la planta. Wari, Ayacucho (Vilca, 2012).

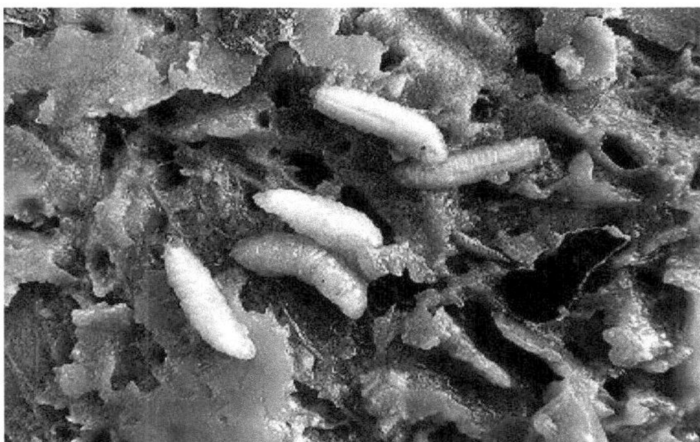

Foto 158. Larvas de *Copestylum* sp. en penca de tuna podrida.

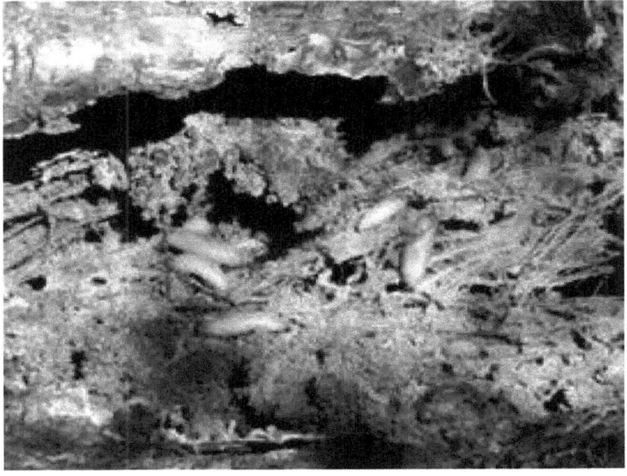

Foto 159. Prepupa y pupa de *Copestylum* sp. en penca podrida de tuna en proceso de secamiento.

145

Mosca de los tunales
(DIPTERA: ULIDIIDAE)

Generalidades

En los bosques de tuna de diferentes lugares de Ayacucho, es común registrar buen número de moscas adultas de la familia Ulidiidae (especie no identificada), posadas en algún órgano de la planta (Foto 161) y su larva en el interior de las pencas en descomposición, aunque la larva con población muy escasa respecto a la de *Copestylum* sp. Esta mosca fue reportada por Vilca y Aybar (1999) y Vilca (2006), para los tunales de Lagunilla y Waripmpa (Ayacucho), respectivamente.

Característica morfológica

La "mosca Ulidiidae es pequeña, de color plomizo oscuro a cúprico brilloso. Presenta antenas con la arista glabra, en tanto que en las alas anteriores muestran cuatro pequeñas manchas oscuras en el borde costal: la primera en forma de una barra rectangular ubidada cerca al ángulo humeral y la cuarta de forma traingular en el ángulo externo. Mide de 3.5 a 04 mm de longitud. A simple vista puede ser confundida con especies de la familia Lonchaeidae.

Comportamiento

Durante el día el adulto es registrado solo o en pareja, posadas o caminando sobre la penca, siempre batiendo sus alas. En otros casos se le registra posada sobre el botón floral o sobre la flor de la tuna y ocasionalmente succionando material líquido de excremento fresco del cerdo y perro (Foto 162). Su actividad es mayor a pleno sol, precisamente en ese momento se localiza en la cara de la penca que se orienta a la dirección del sol.

De evaluaciones quincenañes de la mosca durante un año en el bosque de tuna de la localidad de Waripampa (Quinua, Ayacucho), Vilca (2006) determinó que el adulto frecuenta las pencas de tuna los doce meses del año, aunque es más abundante desde diciembre hasta el mes de marzo (Fig. 14) (Vilca, 2006). La abundancia de la mosca está relacionada con las precipitaciones y las pencas en proceso de descomposición. En las pencas podridas es común registrar larvas solas (Foto 163) o compitiendo con larvas de otros saprófagos.

Importancia económica

La mosca Otitidae tiene importancia secundaria en la tuna. La abundancia de larvas del Otitidae en las pencas podridas es mucho menor que las de

Copestylum sp y *Cryptarcha* sp, pero que en conjunto logran descomponer gran cantidad de pencas; desafortunadamente para la larva del Otitidae, sus competidores logran desplazarlo, por ser éstos de mayor tamaño y abundancia.

Al estado adulto es parasitado por el "ácaro rojo", probablemente del género *Eutrombidium*. Éste es pequeño, de color rojizo, fácil de reconocer a simple vista por encontrase prendido a la altura del "cuello" de la mosca; es decir entre la cabeza y el tórax (Foto 164). Este caso particular de parasitismo en la mosca fue observado por primera vez en el bosque de tuna de Waripampa, distrito de Quinua (Ayacucho), en noviembre de 2006. De acuerdo con la morfología externa del ácaro, éste reúne la misma característica que lo registrado en varias especies de la familia Acrididae.

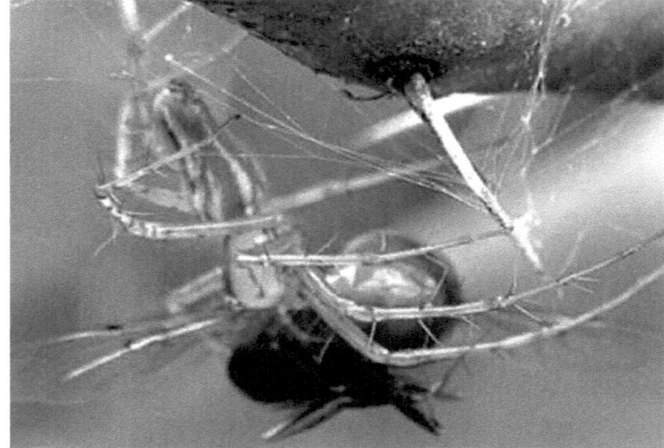

Figura 160. *Copestylum* sp. capturado por *Oxyopes* sp.

Figura 161. Mosca Ulidiidae en en botón floral de tuna.

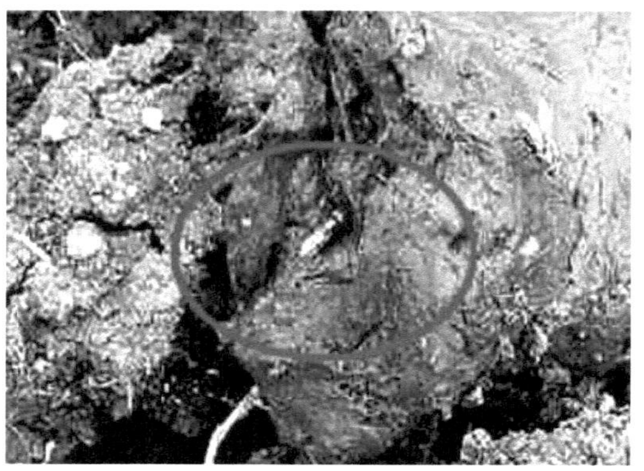

Foto 162. Mosca Ulidiidae en excremento fresco del cerdo.

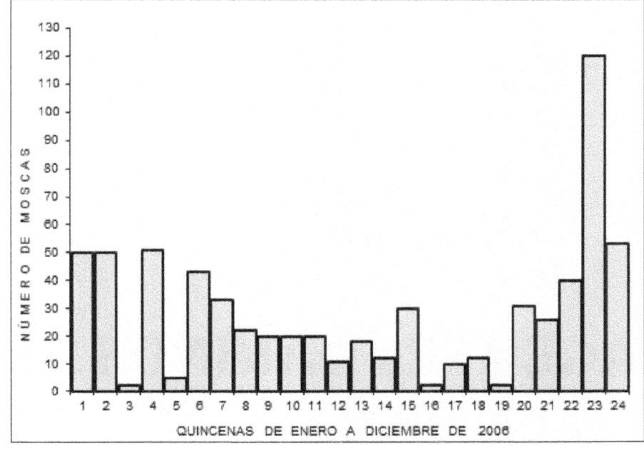

Figura 14. Fluctuación poblacional de mosca Ulidiidae en tuna de la localidad de Waripampa.

Enero a diciembre de 2006 (Vilca, 2006).

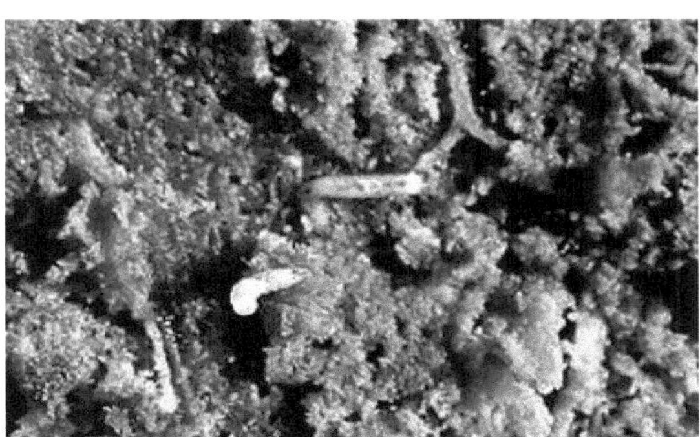

Foto 163. Larvas de Ulidiidae en penca de tuna en descomposición.

Foto 164. Mosca Ulidiidae parasitado por ácaro.

CAPÍTULO III

OTROS AGENTES DAÑINOS DE LA TUNA

MOLÚSCOS, AVES SILVESTRES, ANIMALES DOMÉSTICOS, ROEDORES, EL HOMBRE Y EL GRANIZO

Nido de la hormiga basurera

Nido de "avispa papelera", bajo
el tallo añejo de tuna.

Pequeño nido de avispa en forma
de vasija de barro.

3.1.1 Moluscos

Los gasterópodos (caracoles y babosas) son poco frecuentes en los bosques xerofíticos. En la tuna, los únicos que fueron registrados corresponden a dos grupos de caracoles diferenciados por su tamaño, los caracolillos de los lugares húmedos de las quebradas y los caracoles de los bosques secos; que sin duda, la presencia de ambos son temporales y escaso. Sin duda, en las quebradas es más común registrar los caracollilos y en los bosques secos las "conchas" vacias de los caracoles.

Caracoles de los tunales
(MOLLUSCA: GASTROPODA)

Ubicación taxonómíca

Reino	: Animalia
Filo	: Mollusca
Clase	: Gastropoda
Orden	: Pulmonata
Familia	: Helicidae
Género	: *Helix*?

Antecedentes

Según la literatura, los caracoles conforman más de 4000 especies a nivel mundial. Presentan concha torcida en forma de espiral y su tamaño varía de 1.5 a 7.5 cm de largo. Viven hasta 12 años. Tienen la característica de hibernar a temperaturas bajas o entrar en estibación cuando no existe alimento suficiente y cuando el calor es intenso. Tiene hábito nocturno y prefiere sitios húmedos y sombras. En condiciones severas de sequía y cuando el suelo en los primeros cinco metros de profundidad contiene 06 % de humedad, se entierran profundamente hasta que las condiciones de humedad sean favorables.

Característica morfológica

En las quebradas donde existen tunales cercanos a campos de cultivos, parece existir dos especies diferenciados por la forma de la concha: uno de los cuales tiene el armazón alargado, mientras que en el otro es algo más achatado y abobado en su base. Por su parte los caracoles de los bosques xerofíticos, todos tienen el caparazón alargado y son de buen tamaño a la madurez. Sin duda, la enorme cantidad de conchas vacías en diferentes partes de los bosques de tuna es un indicador de su importancia. Se desconoce la especie y el género de los caracoles, también el lugar de desove y desde luego las fases de desarrollo y en que lugar atraviesa el periodo frío y seco de mayo a setiembre; sin duda aspectos importantísimos por esclarecer.

Comportamiento

Los "caracoles de la tuna" son especies aparentemente inexistentes en el ecosistema xerofítico; sin embargo, es registrado con regular frecuencia durante el periodo lluvioso de enero a marzo, incluso hasta abril y mayo, para luego prácticamente desaparecer hasta el mes de setiembre, periodo largo en el cual se registran temperaturas bajas durante la noche, sequedad ambiental y fuerte radiación solar durante el día. Más bien en los meses secos es común registrar conchas vacías del molusco en diferentes partes del bosque. Sin duda, cuando empieza a caer y acentuarse las precipitaciones, al tiempo que se eleva la temperatura a partir de setiembre, es cotidiano registrar nuevamente pequeños caracolillos (Foto 165) que se deslizan de las "paletas" inferiores hacia las pencas de los pisos superiores en busca de tejidos tiernos. Meses más tarde conforme crecen y las precipitaciones se acentúan, es mucho más fácil visualizarlos. En los años del 2003 a 2010 su población resultó muy escasa debido a que las precipitaciones se retrasaron al inicio, que prácticamente determinó su densidad y actividad. El gasterópodo en su afán de alimentarse utiliza su órgano conocido como rádula, provisto de pequeños dientes, con la cual arranca el tejido vegetal. El daño va acompañado de huellas de baba y heces oscuras dejadas mientras se desliza. Con el tiempo sus daños se observan a manera de cicatrices profundas (Foto 166). No obstante, el daño del caracol en la tuna no es de consideración.

Importancia económica

El gasterópodo, como agente dañino de la tuna, carece de importancia económica. Su escasa población le permite pasar desapercibido, en tanto que su daño puede confundirse con el de *Diabrotica* spp. y *Cryptarcha* sp., de no ser por las babas dejadas en su recorrido o por la presencia del espécimen en el área afectada. Se considera que el clima errático en ciertos años determina su actividad y densidad, sumándose a ello sus controladores biológicos; por ejemplo, en marzo de 2006 en el Cerro Infiernillo, parte alta del Complejo Arqueológico de Wari, se registró la larva de un Lampiridae (Coleóptera) consumiendo la masa visceral del caracol (Foto 167).

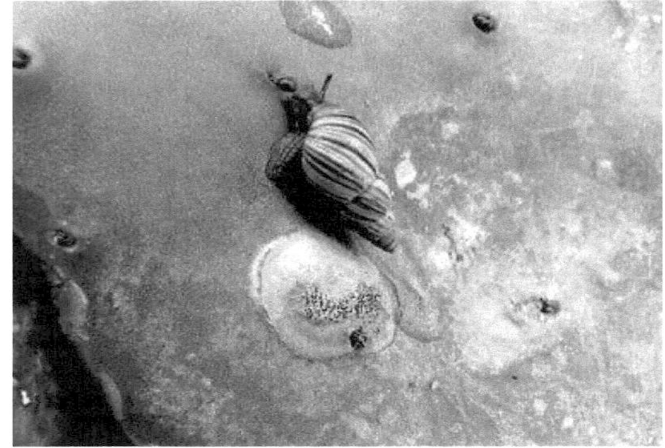

Foto 165. Caracolillo (Helicidae) deslizandose en penca de tuna

Foto 166. Daño del caracolillo (cicatriz) en penca tierna de tuna.

Foto 167. Larva de Lampiridae alimentándose de la masa visceral de caracol.

Foto 168. *Turdus chiguanco*

Foto 169. Ave *Dives warszewiczi*

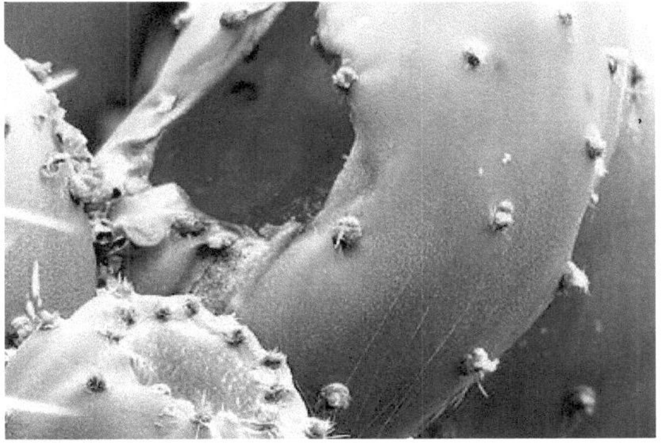

Foto 170. Fruto totalmente consumido por el ave frutera.

3.1.2 Aves Silvestres, Animales Domésticos y Roedores

Entre los vertebrados que frecuentan el bosque de tuna se encuentran dos aves fruteras, los animales domesticos y el roedor gigante conocido como "rata negra", que en determinadas ocasiones dañan estructuras de la planta de tuna.

Turdus chiguanco y *Dives warszewiczi*
(ZORZAL O CHIGUANCO Y EL CHIVILLO)

Ubicación taxonómica

<u>Zorzal</u>

Phylum	: Chordata
Clase	: Aves
Orden	: Passeriformes
Familia	: Turdidae
Género	: *Turdus*
Especie	: *chiguanco*

<u>Chivillo</u>

Phylum	: Chordata
Clase	: Aves
Orden	: Passeriformes
Familia	: Icteridae
Género	: *Dives*
Especie	: *warszewiczi,*

Antecedentes

Según referencia bibliográfica, *Turdus chiguanco* Lafresnaye & d'Orbigny, 1837 habita desde los 2000 msnm hasta los 4000 msnm. Se distribuye a lo largo de los Andes desde Ecuador, toda la sierra del Perú, hasta el norte de Chile y Argentina, incluyendo Bolivia; en tanto que *Dives warszewiczi* (Cabanis, 1861) es propio del Oeste de los Andes de Ecuador y Perú

Característica morfológica

El zorzal o chiguanco es un ave de 28 a 30 cm de tamaño, de color pardo cenizo, homogéneo y sin brillo, pico y patas naranja (Foto 168). Se le distingue fácilmente por la postura vivaz que asume con la cabeza levantada, el pecho saliente, el cuerpo y las alas inclinadas, como en posición de alerta o de escuchar. Avanza dando saltos y levantando la cola; en tanto que el "chivillo" (Foto 169) mide de 25 cm a 28 cm de tamaño; es de color negro intenso con manchas azul brillosa, el pico y patas negras. La hembra presenta una coloración más opaca y el tamaño de su cola más corta. Por su canto melodioso es apreciado como mascota.

Comportamiento

Ambas aves son las más comunes y dañinas en los bosques de tuna. Se les registra de manera permanente en los tunales, aunque en los meses fríos y secos de mayo a setiembre bajan a los campos de cultivos de las quebradas. Sus poblaciones se incrementan a partir de setiembre, especialmente la del "chivillo", quien vuela en bandada entonando dulces melodías. Ambas aves son bastante sensibles a la presencia del hombre, vuelan rápidamente siendo difícil fotografiarlos. El peor enemigo de ambas aves resulta el "cernícalo", quien lo atrapa mientras consume el fruto.

El daño de las aves puede ser leve en época de abundancia de frutos, o pueden consumirlo completamente hasta dejar solamente cáscara, en época de escasez (Foto 170). No se conforman con dañar uno y otro fruto hasta saciar su apetito, al daño del ave acompaña daños secundarios por insectos y patógenos que terminan por destruirlo. Aún cuando fruto muestre daño leve no es recolectado por el campesino, puede dejarlos en la planta o ser botado al suelo. Por lo general, el daño de los "pájaros" se registra durante todo el año, concentrándose con mayor cantidad en época de mayor fructificación (enero, febrero y marzo); aunque que, por la abundancia de frutos en esta temporada, parece no afectar la producción, incluso grandes cantidades de frutos sanos se quedan en la planta, sobremaduran y no es cosechado debido a lo inaccesible en gran parte los bosques.

Importancia económica

No se ha cuantificado el daño de las aves fruteras, puede resultar cuantioso, más aún si a éste le adicionamos el daño de los insectos y del propio hombre; que en el caso del reolector es daño mecánico por acción de la cuchilla al momento de cortar desde la base el fruto maduro, conocido como corte a "pico serrado", especialmente cuando el fruto ojeto de cosecha se encuentra pegado a otro por madurar o maduro.

Bos taurus, O. orientalis aries, C. aegagrus hircus, S. scrofa domestica y E. afrricanus asinus

(VACUNO, OVINO, CAPRINO, PORCINO Y ASNO)

La ganadería andina se caracteriza por ser extensiva y migratoria, normalmente los vacunos y asnos después de consumir los rastrojos de cosecha en las áreas de cultivo en secano, son llevados a las partes altas, las punas, aunque la mayoría persiste en los bosques de tuna cercanos a los pisos del maíz, juntamente con los caprinos, ovinos y cerdos.

Generalmente buenas poblaciones, especialmente de vacunos, son registrados en los rastrojos de cosecha (Foto 171). Terminada esta despensa es devuelto a las partes altas donde disponen de *Stipa mucronata* (ichu); sin embargo, algunos campesinos que no disponen de otros recursos que el bosque xerofítico, pastorea en los tunales el conjunto de ganado vacuno, caprino, ovino, cerdo e incluyendo sus pavos (Fotos 172, 173, 174, 175 y 176). Se precisa que después de la cosecha de cultivos en el mes de mayo, el ganado se encuentra "gordo", incluso el campesino lo destina para la venta, pero terminan totalmente débiles al pasar la temporada fría y seca de junio a setiembre; inclusive hasta noviembre y diciembre cuando las precipitaciones se retrasan, en esta situación el ganado se encuentra totalmente escuálido y parasitado al no contar con otro recurso que las pencas de tuna como alimento, en esta situación el ganado se encuentra totalmente escuálido y parasitado.

En general, los vacunos y asnos tienen dificultad para aprovechar las pencas de tuna. Para alimentarse arranca porciones de tejido de una y otra penca, aún de las variedades más espinosas. Mastica con dificultad segregando abundante saliva. Al observárseles el hocico de los animales, podemos registrar espinas o pedazo de penca prendidas al morro; a pesar de ello, se esfuerzan en seguir consumiéndolo al no disponer de otro sustrato alimenticio. Tal es así que, en la temporada fría y seca del año, el campo se encuentra totalmente seco, despoblado de muchos animales, incluyendo los insectos que en gran parte migran o hibernan, mientras los campesinos cosechan la cochinilla, leña y los escasos frutos de la tuna. El caprino por su agilidad aprovecha mejor el recurso del bosque, camina con facilidad y aprovecha casi todos los recursos vegetales disponibles. A diferencia del ganado vacuno y equino, casi siempre se mantiene saludable y en mejores condiciones. En la época lluviosa de primavera y especialmente del verano (enero a marzo), periodo de máxima fructificación de la tuna, el ganado prefiere alimentarse de los frutos verdes y de las pencas tiernas de la parte baja y media de la planta.

Los cerdos no son una excepción, buena población de este animal puede sobrevivir alimentándose de frutos que el campesino hace caer al suelo; u hociqueando las pencas putrefactas con larvas saprófafas en su interior; también mastican las pencas ubicadas cerca del suelo o cuando el campesino los corta para hacer camino e ingresar a recolectar la cochinilla; estos mismos cerdos en algunos momentos salen del interior del bosque a espacios claros o pequeños áreas de terrenos de cultivo en barbecho y empiezan a voltear el suelo con su trompa buscando gusanos, raíces y posturas de langosta en el periodo de desove. Afortunadamente en el periodo seco del año, las pencas dañadas por los animales se cicatrizan rápidamente con las fuertes radiaciones solares, mientras que en la temporada lluviosa se convierten en puerta de entrada de patógenos que putrefactan las pencas.

Importancia económica

El pastoreo del ganado en el bosque de tuna pasa desapersivida, dando la impresión de no tener mayor implicancia, primero por la abundancia de pencas y porque las heridas por los mordiscos de los animales no se relacionan con el daño secundario posterior; es decir, contaminación de patógenos, putrefacción del cladodio o penca y consecuentemente apropiado substrato de postura de saprófagos, constituyendo así uno de los problemas más serios en la sanidad del bosque.

La gravedad de daños de la ganadería en la tuna es preocupante y motivo para proponer mejoras para el aprovechamiento del bosque, sobre todo buscar alternativas de uso de la tuna en la alimentación del ganado.

Rattus rattus Linnaeus 1758
(RATA NEGRA)

Ubicación taxonómica

Reino	: Animalia
Phylum	: Chordata
Clase	: Mammalia
Orden	: Rodentia
Familia	: Muridae
Subfamilia	: Murinae
Género	: *Rattus*
Especie	: *Rattus rattus*

Antecedentes

No existe referencia alguna de especie de roedores como plaga de la tuna, aunque en Ayacucho es frecuente después de la explosión de langosta *Schistocerca piceifron peruviana* como producto del control químico.

Comportamiento

La actividad del roedor es exclusivamente durante la noche, en el día solamente es posible registrar sus daños, reciduos de orina y el defeco dejado por el animal sobre las pencas. Daniel Vega Pariona, guardián del Complejo Arqueológico de Wari (INC), manifiesta haber presenciado en la noche gran cantidad de roedores alimentándose de las pencas de tuna, momento en el cual, según el mimo Vega Pariona, ocasiona demasiado bullicio, probablemente por las peleas en el grupo mientras se aparean, o al disputar la pulpa de la penca.

Foto 171. Ganado vacuno, ovino, caprino y equino en rastrojo de trigo. Waripampa, mayo, 2003. Ayacucho.

Foto 172. Ganado vacuno, ovino y caprino ingresando al bosque de tuna. Waripampa, julio, 2004. Ayacucho.

Foto 173. Caprinos alimentán-dose de la penca de tuna.

Foto 174. Vacuno crídidodose de penca de tuna.

Foto 175. Cerdos residentes en el bosque de tuna de Waripampa.

Foto 176. Pavos alimentándose de langosta y otros artrópodos en el tunal de Waripampa. Agt., 2002. Ayacucho

El incremento de la población de estos roedores en los bosques de tuna, sumados a su voracidad y a la escasez de alimento de su preferencia, probanlemente obliga al roedor consumir penca de tuna. Por ejemplo, entre el 2003 y 2007, la población del roedor se incrementó en el bosque de Wari, luego de que en años anteriores se fumigaron químicos contra *Schistocerca piceifrons peruviana* (langosta), constituyendo así un problema serio para los agricultores. En esos años, luego de la cosecha de los campos de cultivo en el mes de mayo, el roedor se volcó al bosque de tuna a consumir las pencas. Para ese mes, el campo se encontraba totalmente seco y el roedor no encontraba otro recurso alimenticio que la tuna. No cabe duda de que las aplicaciones químicas, tal como se vienen practicando en los bosques y localidades donde existe el acrídido, guarda estrecha relación con la presencia desmesurada del roedor. A su vez el incremento del roedor preocupa al SENASA y al MINSA, quienes organizan cursos de capacitación sobre el control del roedor, tanto en la ciudad como en el campo (Foto 177).

El daño del roedor es fácil de reconocer a distancia: las pencas dañadas se muestran desgarradas en una de sus caras (Foto 178), y cuando la herida se cicatriza, el área afectada se muestra blanca acompañado de excremento, manchas de orina y desperdicios que deja mientras consume la pulpa (Foto 179 y 180) y el fruto (Foto 181); quedando al final las paletas dañadas, secas por el sol, con apariencia de cuero seco (Foto 182). Específicamente entre el 2003 y 2007, la población del roedor destruyó gran número de pencas maduras o pencas del año en los lugares cercanos a sus madrigueras. Generalmente las madrigueras del roedor guardan estrecha relación con los pedregales amontonados, con áreas rocosas y cuevas de cerros. En el perímetro de los espacios mencionados, la población y daño del roedor guarda igualmente relación con la superpoblación de plantas de tuna que se muestran muy enmarañadas, haciendo inaccesible el ingreso de los recolectores de tuna y cochinilla y porque también el fruto de algunas variedades de tuna espinosa no es de la preferencia del consumidor.

3.1.3 El Hombre como Agente Dañino del Bosque

En el contexto actual, en muchos casos el campesino andino ha asimilado la cultura moderna, consecuentemente perdida su visión holística de conversar con la naturaleza; es decir empieza a considerar al bosque de tuna como un ambiente particular que sólo le sirve para recolectar la tuna y cochinilla. Con el nuevo enfoque de relación con el ecosistema, utiliza parte del bosque para ampliar su frontera agrícola, quema el bosque y fumiga insecticidas contra las plagas, especialmente contra la langosta. Por lo común, las malas prácticas son las siguientes:

Corte de pencas para formar cercos

Con la intención de proteger sus parcelas o ampliarlas, cortan pencas de tuna para luego amontonarlo a manera de cerco en el borde. En este sentido los tejidos mutilados se infectan de microorganismo, se descomponen y se convierten en substratos de postura para insectos saprófagos, que en algunos casos cuando adultos, éstos se convierten en dañinos de frutos y pencas tiernas como es el caso de *Cryptarcha* sp.

Corte de pencas para conservar caminos

Duarante la temporada lluviosa, las plantas de tuna normalmente emiten nuevas pencas que cierran los caminos de tránsito utilizado por los campesinos para la cosecha de tuna; estas pencas "perturbadoras" inducen a la poda en los angostos caminos y consecuentemente invación de patógenos en las heridas de corte en las plantas en pie y en las partes que son hechadas en el suelo, que al final facilitan la postura, desarrollo y multiplicación de insectos saprófagos.

Quema del Boque

La quema del bosque soasa las pencas de tuna (Foto 183). Intensionalmente el campesino quema la gramínea *Paspalum* sp. del interior del bosque durante el periodo seco del año, especialmente la paja seca de los bordes de caminos para que rebrote en la temporada de lluvia; también acostumbran a hornear o "guatiar" "qawinka" y calabaza (cucurbitáceas) durante la cosecha de trigo, para que sirva de merienda a toda la familia después de la jornada a medio día. Utiliza la paja del trigo para sus propósitos. En el caso descrito, cuando el fuego es ocasionado hasta seis metros de distancia de la planta de tuna, el calor soasa las pencas; inutilizándola por completo hasta que rebrote nuevas paletas con el tiempo.

Aplicación de insecticida

El Servicio Nacional de Sanidad Agraria de Ayacucho (SENASA-Ayacucho) (Foto 184), en época de abundancia de langosta aplica grandes volúmenes de insecticida en las áreas consideradas gregarígenas, endémica o refugio de la langosta, caso Wari, Tawaqocha, Pikimachay, Tantaurqo, Patapukro Ccollpapampa, Kachipaqcha y otros. Lo incorrecto de la aplicación es que lo realiza en momentos inoportunos; es decir en el periodo en que la langosta se encuentra dispersa ocupando grandes áreas del bosque.

Foto 177. Curso Control de Roedores. Auditorio del MINSA. Ayacucho, octubre de 2007.

Foto 178. Población de pencas de tuna dañadas por el roedor *Rattus rattus*.

Foto 179. Daño con presencia de excremento y orina del roedor *Rattus rattus*.

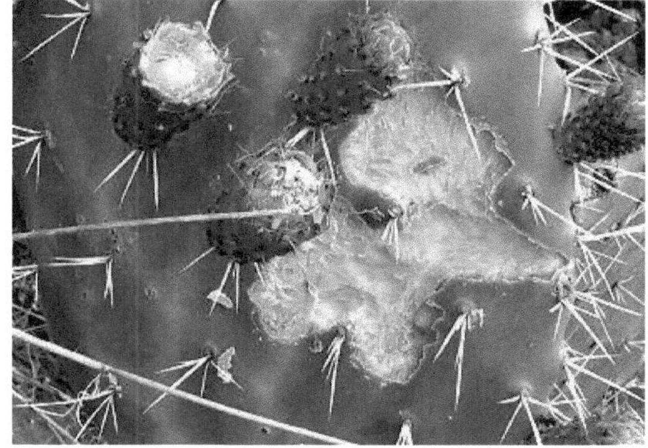

Foto 180. Penca dañada por el roedor *Rattus rattus*.

Foto 181. Fruto verde de tuna dañadas por el roedor *Rattus rattus*.

Foto 182. Penca seca de tuna totalmente dañada por el roedor *Rattus rattus*.

Foto 183. Plantas de tuna quemadas por fuego a seis metros de distancia. Wari-pampa 2003

Foto 184. Técnicos del SENASA, luego de aplicar insecticidas en la localidad de Wari.

Foto 185. Plantas con signos de quemadura por insecticida. Cerro Infiernillo, Wari.

Foto 186. Plantas de tuna quemadas por el insecticida. Tawaqoha, Ayacucho

Foto 187. *Dives warszewiczi* con signos de envenenamiento por insecticida, Orqowasi.

Foto 188. *Phalcobaenus megalopterus* con signos de envenenamiento por insecticida. Waripampa.

167

A consecuencia de las aplicaciones químicas, no sólo se eliminan langostas y otros artrópodos, sino que también son víctimas muchos animales superiores (vertebrados), a la vez que queman las plantas por exceso del veneno (Fotos 185 y 186), contamina toda la foresta que sirve de hogar y alimento de animales domésticos y silvestres.

En muchas ocasiones se han registrado animales domésticos consumiendo penca fumigada y aves silvestres con signos de envenenamiento, caso *Dives warszewiczi* (chivillo) en Puente Ocopa (Foto 187) y *Phalcobaenus megalopterus* (aqchi) en Waripampa el 2004 (Foto 188), o muerto como es el caso el ave *Geranoaetus melanoleucus* en Pikimachay el 2003, el mamífero *Didelphis* sp., conocido como "jarachupa" el 2005 en la localidad de Wari (Foto 189), perdiz *Nothoprocta pentlandii* en Wari (Foto 190) y paloma *Zenaida* sp. en Pampa Del Arco (Foto 191); además de gatos montés y zorros que según los campesinos corren la misma suerte y mueren en zonas inaccesibles.

3.1.4 La granizada

El granizo

En los andes del Perú existen dos periodos climaticos bien marcados durante el año: el primero de abril a setiembre, conocido como época seca, y el segundo de noviembre a marzo, conocido como época lluviosa o húmeda.

Dutante el periodo lluvioso, ocurren tormentas de manera esporádica e intempestiva con caídas de granizo o bolas de hielo, conocido el conjunto como granizada, que muchas veces son del tamaño de una canica que destruye completamente las sementeras y toda la foresta del campo. Ante la ocurrencia de tal fenómeno climático y, bajo la cosmovisión del campesino, existe la tradición y costumbre de detonar artefactos piritécnicos o cohetes para auyentar los granizos; en otros casos, cuando disponen de un arma de fuego realizanr disparos al aire con el mismo propósito.

Los chaparones y especialmente las granizadas mediante las bolas de hielo a manera de pequeñas piedras, con el golpe rompen las células de la epidermis de la tuna fruta y de las pencas tiernas, mostrando luego en el tejido afectado halos cloróticos o manchas blancas como el "vitíligo" en el hombre, muy visibles a distancia (Fotos 192 y 193).

Por lo general, la caída y el efecto dañino del granizo sobre el bosque de tuna, no son tomados en consideración, pasando por general inadvertida, en comparación a lo que ocurre en los campos de cultivo. Se ha observado que defolia completamente las hojas de los árboles; en el caso de la plantas de hojas anchas los ahueca y cuando pequeñas los tumba al suelo, o los cubre totalmente, quedando prácticamente "inútiles". Por lo demás, los chaparrones y granizadas, dependiendo de la intensidad, provocan lavados de ninfas y adultos de *Dactylopius coccus* (cochinilla de la tuna), de ninfas iniciales *Schistocerca piceifrons peruvia*, de *Leptoglossus zonatus*, de *Paraedessa heymonsi* y principalmente ninfas y adultos de *Frankliniella* sp. (trips); reduciendo drásticamente de manera temporal la población del conjunto de insectos y muchos otros artrópodos; además pérdida de gran número de brotes de pencas y de frutos, de pencas y frutos pequeños, que como producto de las heridas se deforman o se maltratan por completo.

Foto 189. *Didelphis* sp. muerto por insecticida. Wari 2004.

Foto 190. Perdiz andina *Nothoprocta pentlandii* muerta por envenenamiento con insecticida, 2006.

Foto 191. Paloma *Zenaida* sp. muerta por envenenamiento con insec-ticida, 2006.

Foto 192. Fruto con daño de granizada

Foto 193. Penca tierna con daño de granizada

Insectos y Aves que ensucian la Planta de Tuna e incomodan al Campesino Recolector

Nido de la hormiga basurera

Hormiga basurera explorando frutos dañados por langosta

4.1.1 Insectos pertubadores de la planta de tuna

Existen ensectos que no ocasioann daños a la planta de tuna; pero su presencia, más su abundancia en algunos casos, motiva preocupación; sobre todo, cuando acumula desperdicios a manera de basura sobre las planta de tuna y porque probablemente se comporte como transmisores de enfermedades; en tanto que, en otros casos, incomoda al campesino recolector.

Camponotus sp.

(HORMIGA BASURERA DE LOS TUNALES)

Ubicación taxonómica

Orden	: Hymenoptera
Suborden	: Apocrita (Clistogastra, Petiolata)
Superfamilia	: Formicoidea
Familia	: Formicidae
Subfamilia	: Formicinae
Tribu	: Componotini
Género	: *Componotus*

Antecedentes

Ceballos (1941) considera que las especies del género *Camponotus* son hormigas omnívoras, muchas veces carnívoras, que anidan frecuentemente en los árboles.

Vilca y Aybar (1999) indican que *Camponotus* sp. construye su nido entre las pencas de la tuna añeja, transporta en sus patas agentes patógenos de una penca a otra, y por los montículos de basura que conforma su nido se comporta como un agente perturbador de la planta.

174

Característica morfológica

La hormiga *Camponotus* sp. de los tunales, es de color negro con el pedicelo del abdomen de un solo nudo, antenas insertadas muy por encima del clípeo en una fosa propia. De manera particular, el gáster muestra gran cantidad de cerdas de color marrón acaramelado que le da un matiz y coloración peculiar; es decir, a distancia el abdomen aparenta de color marrón acaramelado. Mide de 7 a 10 mm de longitud.

Comportamiento

En los bosques de tuna de Ayacucho, *Camponotus* sp. es uno de los insectos más abundantes y permanentes en la planta de tuna. Resulta muy agresiva al ser molestada. No existe planta alguna que no sea transitada por esta hormiga y que a la vez no contenga un hormiguero en su interior. El formícido acostumbra a hacer su nido entre las pencas añejas, lugar donde acumula abundante pedazos de tejidos vegetales a manera de basura. Aprovecha también los tallos secos de la cactácea para anidar en su interior (Foto 194). Nidos similares de esta hormiga encontramos en montículos de piedras del bosque, en tallos de *Echinopsis peruviana* (sankay) (Fotos 195 y 196), de *Opuntia subulata* (anku kichka), de *Schinus molle* (molle) bastante añejo y en otros árboles que existen en el interior del bosque. Al descubrir el hormiguero, en el centro se puede contar cientos de especímenes de diferentes estados de desarrollo (huevo, larva, pupa y adultos) acompañados de pedacitos de tejidos vegetales secos a manera de basura amontonada. (Foto 197).

Esta hormiga muestra similar comportamiento en el molle infestado de *Ceroplastes* sp. y *Pulvinaria* sp. al igual que en *Psidium guajaba* (guayaba) por *Pulvinaria* sp. En estos árboles la hormiga trancita permanentemente en toda dirección, de ida y vuelta del nido a la planta hospedante de los cóccidos. Recorre las ramas en su afán de proteger a los cóccidos que los provee de sustancia azucarada como alimento, en la misma forma como se moviliza en la planta de tuna por el nectario y polen de la flor (Foto 198), por las exudaciones presentes en las areolas de las pencas tiernas (Foto 199) y de los frutos verdes; también de los frutos verdes dañados por otros insectos (Foto 200), o por el jugo de la pulpa de frutos maduros rajados o dañados (Foto 201), y principalmente por la "mielecilla" segregada por *Pseudococcus* sp. cuando la planta de tuna se encuentra infestada.

Importancia económica

La actividad dañina de la "hormiga basurera" se relaciona con el transporte de microorganismos patógenos causantes de enfermedades de la tuna. Se ha comprobado en laboratorio que la pata de esta hormiga transporta diversas

Foto 194. Tallo seco de tuna con nido de *Camponotus* sp.

Foto 195. Tallo seco de sankay con nido de *Camponotus* sp. en su interior.

Foto 196. Tallo seco de sankay mostrando nido de *Camponotus* sp.

Foto 197. Interior del hormigüero de *Camponotus* sp.

Foto 198. *Camponotus* sp explorando el interior de la flor de tuna.

Foto 199. Hormiga *Camponotus* sp. explorando la areola de penca tierna

estructuras de hongos; por ello es probable que la hormiga en su afán de transitar permanentemente durante todo el año y con grandes poblaciones durante todo el día, se comporte como el principal "vehículo" de traslado de estructuras de patógenos de una penca enferma a otra sana.

En la actualidad diversas enfermedades de la tuna son consideradas como los actores más influyentes y determinantes en la sanidad de la planta, que indudablemente repercute en la implantación y colonización de *Dactylopius coccus* Costa (cochinilla del carmín) y en la producción de la tuna fruta.

Medidas de control

Por la importancia del caso, se debe recomendar a los campesinos destruir los hormigueros, especialmente de aquellos que se sencuentran asociados con la planta de tuna, para evitar la dispersión de patógenos. Igualamente destrucción de hormigueros relacionados con las plantas de molle y guayaba para evitar que el formícido interfiera con los controladores biológicos de los cóccidos y del Pseudococcidae.

4.1.2 Aves que ensucian la planta de tuna

La presencia abundante de las aves falcónidas es común en las áreas gregarigenas de la langosta. La abundancia de langosta le permite tener un comportamiento residente y vigilante de su presa; además, el hábito de consumir la presa en lo más alto de una misma planta; igualmente a deyectar sobre la planta en posición; aspecto que con el tiempo perturba la implantación de la cochinilla por acumulación contínua.

Falco femoralis; *Falco sparverius* y *Falco* sp.
(FALCONIFORMES: CERNÍCALO, HALCÓN)

Ubicación taxonómica

Reino	: Animalia
Phylum	: Chordata
Clase	: Aves
Orden	: Falconiformes
Familia	: Falconidae
Género	: *Falco*
Especies	: *femoralis*, *sparverius* y otras no identificadas.

Antecedentes

Las aves del género *Falco* son naturales de las Américas. Su distribución se extiende desde Alaska hasta Tierra del Fuego, y desde el nivel del mar hasta los 4400 msnm. Normalmente se les obseva solitarios o en parejas. Se posan en lo más alto de los árboles por buen rato. Anida en los huecos de los árboles y cactus, puede utilizar los nidos abandonados de aves carpinteras. También anida en las grietas, entre las rocas de los acantilados, en nidos abandonados por otras aves, en las grietas de los edificios, así como en campanarios de iglesias y otros lugares que ofrezcan protección (Jiménez y Jiménez (2003).

En Ayacucho a los falcónidos se les conoce comúnmente como "cernícalo", "killincho" o "waman"; sin duda son especies abundantes en los bosques de tuna; especialmente *Falco sparveriuss* (Foto 212), *Falco femoralis* y otra no identificada (Foto 213). Todas actúan como excelentes depredadores de la langosta (Vilca, 2004).

Comportamiento

Según observaciones de varios años, existe coevolución perfecta entre los falcónidos y *Schistocerca piceifrons peruviana*; razón por la cual, a partir de setiembre y toda la primavera hasta pasado el verano, es común observar la relación estrecha entre la presa y el predador. Los falcónidos consumen la langosta durante el periodo de dispersión, reproducción y desarrollo de la nueva generación. Relación que es comprobada al registrar abundante excremento del falcónido en los sitios de vigilancia de su espacio territorial (Fotos 214, 215 y 216); sitios de vigilancia que pueden estar totalmente cubiertos de deyecciones blancas, como si estuviera pintada con lechada de cal, incluso excremento acuoso chorreado hacia el suelo, quedando las pencas totalmente sucias, y en el suelo abundante patas y alas de la langosta (Foto 217); aspecto que es muy notorio en todos los puntos de vigilancia. En ese sentido las heces de los falcónidos en las pencas perturban la colonización de la cochinilla

La abundancia de excremento en un mismo lugar se debe al comportamiento bastante peculiar de los falcónidos. Éstos se caracterizan por capturar a la langosta al vuelo y transportarlo al lugar de vigilancia y consumo de la presa. El lugar puede ser una penca ubicada lo más alto de la planta de tuna, la punta del tallo de *Echinopsis peruviana* (sankay), de *Agave americana* (cabuya) o alguna rama de *Acacia macracantha* (huarango). En su territorio el depredador dispone de varios puntos de vigilancia, al tiempo que existe varios cernícalos en un mismo espacio. No interesa la distancia donde capture su presa, porque para consumirlos siempre lo transporta al lugar de consumo, que a la vez es un punto estratégico y panorámico de un gran espacio. Por otro lado, el cernícalo es un predador residente de amplio

Foto 212. *Falco sparverius* en actitud de reposo.

Foto 213. *Falco* sp vigilando su territorio.

Foto 214. Patas y alas de langosta en el punto de vigilancia del cernicalo.

Figura 215. Excremento solido del killincho o cernícalo

oto 216. Excreta del illincho y desechos de a presa en el punto de ihilancia.

Foto 217. Lugar de vigilancia y consumo de presas del killincho

dominio territorial, defiende su territorio cuando es visitado por águilas o gavilanes conocidos como "anka" *Geranoaetus melanoleucus* y "aqchi" *Phalcobaenus megalopterus*. El falcónido al detectar a las aves invasoras lo persigue por varias horas, acercándose y retirándose en vuelo ofensivo; trata de picotearlo en el dorso, al final no logra su propósito, entonces acepta al intruso y comparte el territorio; tal vez la imposibilidad por desalojarlo obliga al residente a convivir con los forasteros, más aún por la gran cantidad de invasoras que regresan para la temporada de dispersión y reproducción del acrídido. Es importante precisar que en el 2004 se llegó a contar cerca de 200 "ankas" y un menor número de "aqchis", dispersos en el bosque de Wari.

Importancia económica y social

Los falcónidos son excelentes predadores de langostas, de diversas otras aves, de pequeños roedores y otros animales del bosque. Si bien es cierto que sus deyecciones ensucian la penca e interfiere con la implantación de la "cochinilla", este daño debe ser subestimado, debido a la enorme contribución en la regulación de la langosta, de aves fruteras como el *Turdus chiguanco* (chiguaco) y de aves granívoras que se comportan como plaga. Pero, lo más importnate es que deben ser considerados como un indicador de la abundancia de *Schistocerca piceifrons peruviana* en los bosques xerofíticos. Sin duda, la población del halcón depende de la abundancia de langosta.

En la cultura Wari los halcones eran consideados aves sagradas. Ochatoma y Cabrera (1999) describen de fragmentos de ceramios encontrados en el sitio arqueológico de Conchopata, la iconografía de un guerrero, en cuyo hombro se encuentra posado un halcón. Los halcones conocidos como "waman", "cernícalo" o "killincho" están íntimamente arraigados en la concepción panteísta del poblador andino, consideran que el ave representa a los Apus o deidades tutelares de la región, razón por el cual el caminante al encontrarse de improviso con el halcón le saluda con respeto y cariño, inclinando la cabeza e invocando palabras como "Señor", "Patrón" (Dios).

Según Daniel Vega Pariona (comunero de Pacaycasa), de encontrarse con el halcón luego de realizar el "pagapu" (ofrenda al Apu), es signo de que el Señor Dios le recibe la ofrenda. El modo de ver y conceptuar el mundo en la cosmovisión andina es una forma de conversar con la naturaleza; entendiendo que el andino a través del respeto y cariño por el ave lo protege e indirectamente interviene y contribuye en el control natural del "aqaruway" (langosta).

4.1.3 Insectos que "Atemorizan" al Campsino Recolector

Polistes spp., *Mischocyttarus* spp. y *Polybia* spp.
(AVISPAS PAPELERAS, HUAYLIS O AVISPAS QUE "PICAN")

Ubicación taxonómica

Orden	: Hymenoptera
Suborden	: Apocrita (Clistogastra, Petiolata)
Superfamilia	: Vespoidea
Familia	: Vespidae
Subfamilia	: Polistinae
Géneros	: *Polistes* Latreille, 1802
	Mischocyttarus Saussure, 1853
	Polybia Lepeletier, 1836

Antecedentes

Para el Perú, García (1978) registra diversas especies de avispas de los géneros *Polistes, Mischocyttarus* y *Polybia*. En la publicación referente al estudio de avispas sociales del Perú, el mencionado autor describe de manera detallada a *Polistes weyrauchorum* Willink, 1964, *Polistes versicolor versicolor* (Olivier, 1971), *Polistes ruficornis biglumoides* Ducke, 1907 y a *Polistes willei willei* Bequaert para la Región Ayacucho; señala además que probablemente exista *Polistes peruvianus* Bequaert dentro del grupo. Entre las especies del género *Mischocyttarus* cita a *Mischocyttarus drewseni andinus* Zikan, y a *Mischocyttarus rotundicollis* (Camerón, 1972). No menciona especies del género *Polybia*.

Característica morfológica

Los Vespidae registrados en los tunales son muy variados, usualmente se observan especímenes de color negro, rojizo o café, con marcas amarillas y ferruginosas o sin ellas, especialmente en el dorso. Sin duda, un campo bastante interesante por resolver.

Los nidos o panal de las diferentes especies de avispas son igualmente muy variados en tamaño, forma, longitud del pedicelo de inserción, y el material utilizado en la construcción de los nidos. Por ejemplo, los nidos de *Polistes* y *Mischocyttarus* se parecen hechos de papeles de cartón; en tanto que el de *Polybia* sp. es moldeada a manera de vasija de barro y ubicadas cerca de fuentes de agua con presencia de arcilla fina, así como en quebradas secas por donde recorre agua de lluvia y arcilla; de igual modo, en taludes de camino de áreas bastante áridas y alejadas de las fuentes de agua (Foto

202). En otros casos se observa vasijas muy pequeñas de barro ubicadas individualmente en las espinas de los tallos de "sankay" (Foto 203) o en las pencas añejas de tuna, y que probablemente corresponda a otra especie diferente del mismo género *Polybia*.

Comportamiento

Especies de los géneros *Polistes* y *Mischocyttarus* tienen la característica de ubicar sus nidos en la cara inferior de las pencas añejas de tuna. En este caso, muchas veces la presencia del panal y la avispa intimida al campesino recolector, por el temor de sufrir un "pinchazo" cuando es molestado. También construye su nido en los tallos de *Opuntia subulata* (anku kichka), de *Agave americana* (cabuya), en la rama rama del huarango, en grietas de cerros, cuevas y en los techos de las viviendas del campo; en tanto que *Polybia* fabrica sus "vasijas" pegados a cerros profundos con corriente de agua (ríos) y en raíces de arbustos y de cabuya que sobresalen en las taludes de caminos. En cuanto al pedícelo de inserción del nido de las avispas "papeleras", es corto en *Polistes* sp. (Foto 204 y 205) y largo en *Mischocyttarus* sp. (Foto 206).

Po lo general las avispas están presentes desde zonas bajas con cultivo bajo riego, hasta los 2,850 msnm y probablemente a mayor altura.

Durante el día las especies de los géneros *Polistes* y *Mischocyttarus* sobrevuelan, solos o en parejas sobre las plantas de tuna en busca de jugo azucarado de los frutos dañados, o puede hallárseles posados en la penca (Foto 207 y Foto 208). Compite por el jugo azucarado con diversas especies, caso moscas comunes, *Bombus* sp., *Camponotus* sp., *Solenopsis* sp., y con *Cryptarcha* sp.; mientras que *Polybia* acostumbra a sobrevolar en grupo a manera de enjambre de abeja, cerca de las fuentes de agua de quebradas, acequias y en caminos donde existe arcilla acumulada por acarreo y arrastre de las aguas de lluvia.

Polybia sp. mayormente captura a la araña *Argiope argentata* para acarrear a su nido; razón por el cual, cuando se descubre el nido de barro, en el interior las cavernas se encuentran repletas de desechos de la mencionada araña (Foto 209). Por otro lado, en época de escases de presas en el bosque de tuna (periodo seco del año), las avispas migran de los lugares de anidamiento hacia los campos de cultivo para aprovisionarse de larvas de lepidóptero de las plantas cultivadas y de los frutales y forestales.

En los tunales es probable que las avispas capturen larvas de *Chloridea virescens* y diversas larvas de las familias Geometridae, Pyralidae y otros lepidópteros de *Caesalpinia spinosa* (tara), *Acacia macracantha* (huarango) y de *Schinus molle* (molle); en tanto que, en los campos de cultivo de las zonas bajas es frecuente registrar a *Polistes* y *Mischocyttarus* capturando larvas de *Pseudoplusia includens*, *Leptophobia aripa* y *Plutella xylostella* en las parcelas de crucíferas (Foto 210) y a *Spodoptera* y *Agrotis* en la alfalfa, maíz y otros cultivos; mientras que a *Polybia* sp. se le registra afanado en extraer del interior de las panojas de los cultivo de quinua y achita, diversas larvas conocidas como "gusanos de la panoja" (Foto 211).

Importancia económica

Las avispas no dañan ningún órgano de la planta de tuna; sólo que, cuando accidentalmente el nido de crías es perturbado por el hombre durante la cosecha del fruto y recolección de la cochinilla, la colonia de avispa dipuesto a defender su panal, ataca y asusta. Sin duda, por la tendencia a dar "pinchazos" masivos motiva temor de parte de los campesinos recolectores, quienes prefieren no incomodarlos para evitar el ataque. Más bien, nos indican que las larvas de las avispas son consumidas como curativos contra el resfrío y el estado adulto como sabemos resulta el mejor aliado del agricultor en el control de las plagas.

Foto 200. *Campono-tus* sp. en fruto verde dañado.

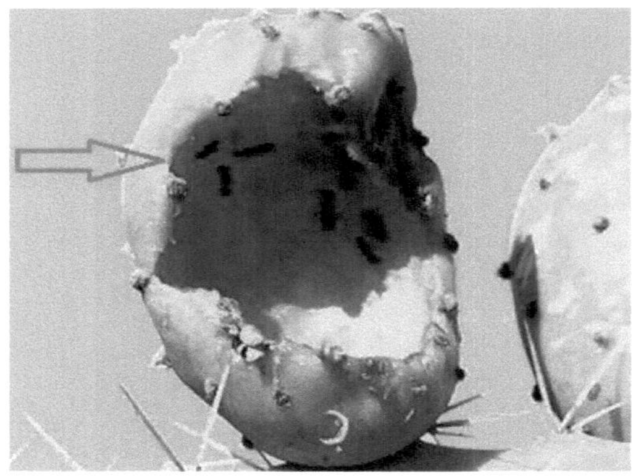

Foto 201. *Camponotus* sp. explorando jugo azucarado de fruto dañado.

Foto 202. Nido de *Polybia* sp. fijado a raíz de cabuya en talud de camino.

Foto 203. Pequeño nido de barro construido en espina de tallo de "sankay".

Foto 204. Nido de *Polistes* sp. suspendido en tallo añejo de tuna.

Foto 205. Nido de *Polistes* sp. suspendido en techo de cueva.

Foto 206. Nido de *Mischocyttarus* sp. suspendido en tallo añejo de tuna.

Foto 207. *Polistes* sp. posado en penca de tuna.

Foto 208. Pareja de *Mischocyttarus* sp. posados en penca de tuna.

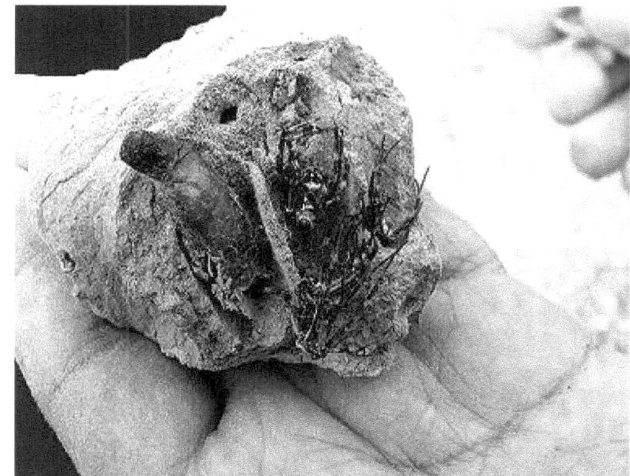

Foto 209. Restos de la araña *Argiope argentata* en nido de barro de *Polibia* sp.

Foto 210. *Mischocyttarus* sp. predando larva de *Pseudoplusia includens* en cultivo de col.

Foto 211. *Polybia* sp. en panoja de quinua.

Insectos y Aves Visitantes de la Flor de Tuna

Abeja en la flor de tuna

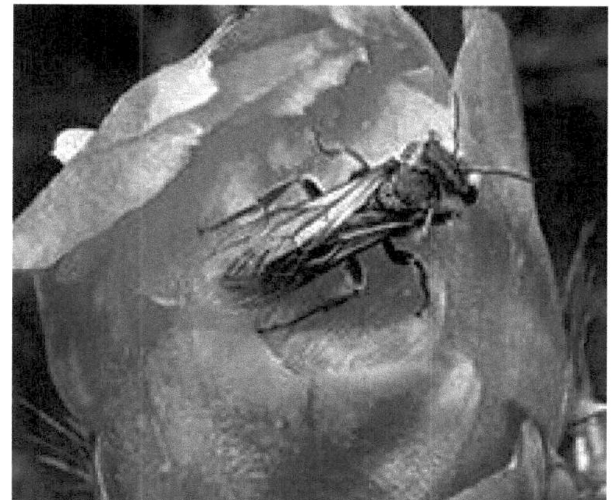

Prionix sp. en la flor de tuna

Picaflor gigante de los tunales

5.1.1 Insectos

La flor de la tuna es visitada de manera frecuente por numerosos insectos y por el ave conocida como "picaflor"; ya sea por el polen o por el néctar, inclusive tanto por el polen y nectario en el caso de algunos insectos, mientras que los arácnidos lo hacen en busca de presas.

Astylus sp.
(MELÍRIDO DE LAS FLORES)

Ubicación taxonómica

Orden	: Coleoptera
Suborden	: Polyphaga
Serie	: Cucujiformia
Superfamilia	: Cleroidea
Familia	: Melyridae Leach, 1815
Subfamilia	: Melyrinae
Tribu	: Astylini
Género	: *Astylus* Lap.
Especie	: No identificada

Antecedentes

Según Blackwelder (1944) reportado por Raven (1988), el género *Astylus* está representado con 110 especies en la región neotropical; siendo uno de los grupos mejor establecidos en el Perú, dentro de la familia Melyridae. Por su parte Wille (1952) menciona que, en la zona andina del Perú, especies no identificadas del género *Astylus* comen el follaje del cultivo de papa, pudiendo llegar a producir daños de cierta consideración. De manera específica cita a *Astylus laetus* Erichson para el Cusco, como una especie común en las flores de Compositae. Por su parte Vilca (1999) registra a *Astylus* sp. en policultivo de *Zea mays* L. (maíz), *Phaseolus vulgaris* L. (frijol), *Pisum sativum* L. (arveja) y *Chenopodium quinoa* Willd. (quinua), y en el de *Solanum tuberosum* L. (papa), *Ullucus tuberosus* Caldas, 1809 (olluco) y *Tropaeolum tuberosum* Ruiz & Pav. 1802 (mashua) de la localidad de Quinua, Ayacucho, a 3500 msnm. Indica que juntamente con *Diabrotica decempunctata* frecuentan las flores de las tuberosas mencionadas sin ocasionar daños.

Característica morfológica

El adulto de *Astylus* sp. registrado en la tuna es de color negro, matizado con manchas y bandas rojo naranja. Mide de 6 a 7 mm de longitud. En el cuerpo presenta innumerables poros y pelos erectos de color negro. Típicamente presenta dos manchas rojo naranja en la base de cada élitro, acompañado de dos bandas longitudinales que termina en forma de gancho hacia el ápice de las alas; además ambos élitros están bordeados por otra banda rojo naranja. Se desconoce a la larva de esta especie y sobre todo su accionar en los campos de cultivo.

Comportamiento

En los bosques de tuna, el adulto de *Astylus* sp. es muy frecuente en las flores (Foto 218), especialmente en lugares y periodos del año donde abunda V*iguiera lanceolata* (sunchu) (Compositae), *Xanthium spinosus* (amor seco) (Compositae) (Foto 219), *Argemone mexicana* (cardosanto) (Papaveraceae) y *Raphanus raphanistrum* (nabo silvestre) (Cruciferae) en plena floración (Foto 220); precisamente la época de floración de las plantas silvestres mencionadas coincide con el periodo lluvioso y también con la época de mayor floración de la tuna; pasada la temporada lluviosa no se vuelve a registrar hasta el año siguiente. De todos los hospederos mencionados, las flores del "sunchu" y de la tuna parecen ser mucho más atractivas a sus requerimientos nutricionales, atracción que guarda relación con la mayor población registrada en las flores de ambos hospederos; sin duda, *Astylus* no es el único visitante de las flores, casi siempre se le encuentra compitiendo por el polen y compartiendo espacio con adultos de *Cryptarcha* sp. (Nitidulidae), *Camponotus* sp. (Formicidae), *Diabrotica* spp. (Chrysomelidae) y muchas otras especies. También aprovecha el jugo de la pulpa de la tuna fruta cuando ésta se encuentra dañada (Foto 221).

La larva de *Astylus* sp. no ha sido registrada hasta la fecha, se desconoce el comportamiento y su nicho, probablemente se localice en el suelo alimentándose de raíces de plantas silvestres que crecen en el bosque de tuna.

Importancia económica

El adulto de *Astylus* sp. no adquiere importancia económica en la tuna y en sus otros hospedantes del bosque, debido a su ocurrencia temporal y a su escasa y dispersa población; además porque es polífaga y no depende únicamente del polen de la flor de tuna.

Sería conveniente realizar un estudio detallado de la especie en mención y determinar el nicho, ciclo de vida y el comportamiento de la larva.

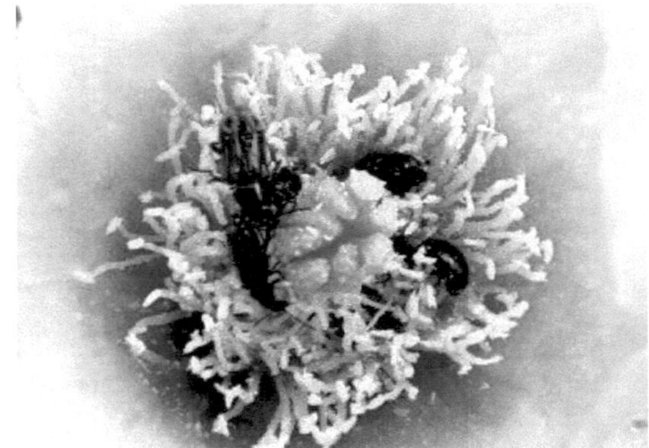

Foto 218. Población de *Astylus* sp. en la flor de tuna.

Foto 219. *Astylus* sp. en "amor seco" *Xanthium spinosus*.

Foto 220. *Astylus* sp. en la flor de nabo silvestre.

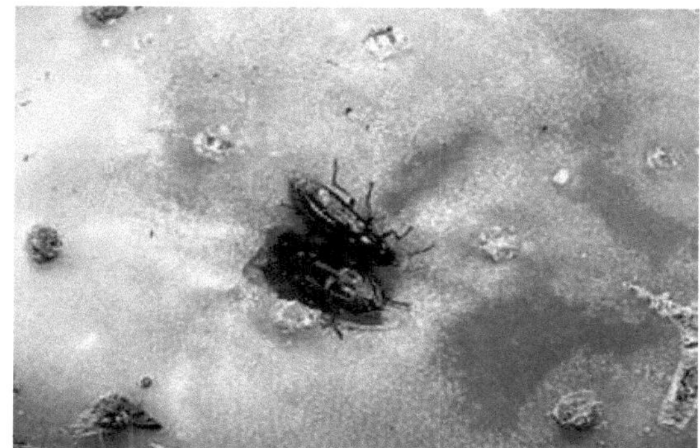

Foto 221. *Astylus* sp. explorando el jugo de tuna fruta dañada.

Foto 222. *Apis mellifera* visitando la flor de tuna.

Foto 223. *Apis mellifera* visitando la flor de *Echinopsis peruviana*.

***Apis mellifera*, *Bombus* sp. y *Xylocopa* sp.**
(ABEJA Y ABEJORROS)

Ubicación Taxonómica

Orden	: Hymenoptera
Suborden	: Apocrita (Clistogastra, Petiolata)
Superfamilia	: Apoidea
Familia	: Apidae
Subfamilia	: Apinae
Género	: *Apis*
Especie	: *Apis melífera* Linnaeus, 1758
Género	: *Bombus* Latreille, 1802
Especie	: No identificada
Género	: *Xylocopa* Latreille, 1802
Especie	: No identificada

Generalidades

La apicultura en Ayacucho es una actividad complementaria a la actividad agropecuaria. Dedicados a esta actividad existen numerosos aficionados. En la mayoría de los casos las colmenas están instaladas en las quebradas donde existen parcelas agrícolas y fuentes de agua de pequeños riachuelos o manantiales. De las áreas de cultivo viajan a los bosques de tuna en busca de nectáreo, polen y jugo azucarado de los frutos de tuna que se encuentran rajados o dañados por diversos agentes. Por su parte *Bombus* sp. y *Xylocopa* sp. viven al estado silvestre y no existe un estudio sistemático de éstas y otras especies de "abejorros" que son bastante comunes en la Región Ayacucho.

Característica morfológica

La obrera pecoreadora de *Apis mellifera* se caracteriza por presentar las patas posteriores con tibias ensanchadas en su cara externa; en dicha cara se puede apreciar una excavación cóncava denominado "canasta", la misma que se presenta bordeada de cerdas fuertes; en tanto que en la parte distal de las tibias de las patas medias presenta un espolón recto, denominado estilo o estilete, que lo utiliza para desprender el polen amasado en la boca y trasladarlo a las canastas de las patas colectoras. Es en la "canasta" donde almacena y transporta el polen desde las flores hacia la colmena.

Bombus sp. es de cuerpo robusto, cerdoso, de color negro oscuro con marcas amarillas en el abdomen, frecuentemente suele confundirse con *Xylocopa* sp., quien es negra íntegra. Ambos abejorros visitan las flores de la tuna y de la tara por el polen y nectáreo.

En época seca y fría de mayo a setiembre, las obreras de *Apis mellifera* visitan las escasas flores de la tuna o de *Echinopsis peruviana* por el polen (Fotos 222 y 223); asi como por el jugo azucarado de la pulpa de tuna fruta dañada o cuarteada (Foto 224). Para el caso, si bien es cierto que durante la noche la temperatura desciende bruscamente hasta cerca de 0 ºC; en cambio durante el día ocurre fuerte radiación solar que permite a las obreras salir de la colmena y viajar grandes distancias a recolectar nectáreos y polen, debido a que la vegetación en la quebrada no satisface a sus requerimientos. Debe entenderse que las plantas de tuna emiten flores durante todo el año, aunque en los meses fríos y secos de junio a setiembre es escasa. En esta temporada la abeja compite por el polen con *Xylocopa* sp. (Foto 225) y *Bombus* sp., mientras que en los días soleados de enero a abril mayormente con adultos de *Cryptarcha* sp, *Prionix* sp. y *Astylus* sp.

Comportamiento

Es importante destacar que tanto *Apis mellifera*, *Xylocopa* sp. y *Bombus* sp. son muy activas en días soleados, visitan las flores de la tuna, de sankay, de anku kichka y de diversas otras flores de la vegetación herbácea, arbustiva y arbórea del bosque. Entre abril y mayo, las visitas son perturbadas por las aplicaciones de insecticidas contra "saltonas" y adultos de *Schistocerca piceifrons peruviana*. Los pequeños apicultores señalan que la aplicación de insecticida en el bosque disminuye drásticamente la población de abejas de sus colmenas; incluso en Pacaycasa indican haber desaparecido sus colonias por completo después de las aplicaciones realizadas por el SENASA el 2002 y 2003 contra la langosta. Por otra parte, *Bombus* anida en el suelo en áreas abiertas del bosque con abundante vegetación (Foto 226); en tanto que *Xylocopa* sp. lo hace en tallos secos de la cabuya (Foto 227).

Importancia económica

En general, los insectos polinizadores juegan un rol importante en la fecundación de las plantas, muchas plantaciones frutícolas fracasarían si no fuese por los polinizadores. Para el caso particular del complejo bosque de tuna, las abejas, abejorros, avispas, mariposas, moscas, picaflores y otros visitantes, aprovechan el nectario y/o el polen como alimento. Las abejas acopian el néctar y el polen de las flores para que sirva de reserva alimenticia a toda la colonia, y parte de esta reserva es aprovechado por al hombre, de allí su importancia. Por ello, con el fin de reducir el esfuerzo en el recorrido de las abejas y aprovechar la época de floración de la inmensa foresta, el apicultor debería "trashumar" sus colmenas hacia los bosques de tuna en la temporada de máximo florecimiento de los recursos vegetales.

Prionyx sp.
(AVISPA, ESFÉCIDO)

Ubicación taxonómica

Orden   : Hymenoptera
Suborden   : Apocrita (Clistogastra, Petiolata)
Superfamilia   : Sphecoidea
Familia   : Sphecidae
Género   : *Prionyx* Vander_Linden, 1827

Comportamiento

Entre las avispas más abundantes e importantes que frecuentan las flores de la tuna y de otras cactáceas silvestres se encuentra *Prionyx* sp. (Fotos 228 y 229). Es muy común la presencia de *Prionyx* durante todo el año, aún en periodos donde la existencia de flores es sumamente escasa. Se encuentra dispersa desde las quebradas o zonas de cultivo hasta más de los 3,500 msnm., siempre donde existe tuna y otras cactáceas. Durante el día al esfécido se le encuentra sobrevolando las plantas en busca de flores de tuna. Al localizar una flor, puede posesionarse sobre los estambres o ingresar de cabeza lo más que pueda en busca de nectario, a tal punto que no es posible visualizarlo en esa condición. Muchas vecers pernocta dentro, porque en las mañanas, antes que irradie el sol, al descubrir los estambres sale con movimiento lento, torpe e incapaz de realizar vuelos distanciados, como lo hace a pleno sol; en esa situación, se distingue su cuerpo y apéndices totalmente impregnados de polen. Sin duda, no solo visita a las flores de la tuna, lo hace también a las flores de otras cactáceas como *Opuntia subulata* (anku kichka) y *Echinopsis peruviana* (sankay). En la flor se comporta como un excelente competidor, porque mientras la flor se enuentre ocupada por él, ninguna otra especie de insectos puede hacerlo.

Importancia económica

La abundancia, permanencia y frecuencia de visitas del esfécido en la flor de la tuna es un indicador de su preferencia. Además *Prionyx* sp. destaca por su hábito predador de especies de ortópteros que radican, se alimentan y se reproducen en el bosque de tuna, caso *Schitocerca piceifrons peruviana*, *Melanoplus* spp., *Trimerotropis* sp. y grillos. La población del esfécido es tan abundante que frecuentemente es observada sobrevolando a raz del suelo en todo el bosque, o excavando el suelo en espacios abiertos y de estructura blanda, o trasportando langostas o gryllo a su nido, de manera similar que *Pepsis* sp.

Chasmatopterus sp.

(ESCARABAJO DE LA FLOR DEL SUNCHU)

Ubicación taxonómica

Orden   :Coleoptera
Familia   : Scaarabaeidae
Género   : *Chasmatopterus* Dejean, 1821

Generalidades

Como es característico, las especies de este género, los adultos visitan las flores, a veces en grupo, teniendo preferncia por las plantas de la familia Compositae (Murria y López-Colón, 2003).

Característica morfológica

El adulto es pequeño y bastante peculiar. Muestra los fémures posteriores bastante engrosados como los de Bruchidae y algunos Chrysomelidae, pero con antenas lameladas y el cuerpo típico del género *Chasmatopterus* (Fotos 230 y 231).

Comportamiento

En los bosques de tuna, es muy común registrarlo en las flores de *Viguiera lanceolata* (sunchu) (Foto 232) y esporádicamente en la de tuna (Foto 233). En otros espacios visitan las flores de *Helianthus annuus* L., 1753 (girasol) y de *Spartium junceum* (retama). Generalmente se le registra con gran población, metido de cabeza y todo el cuerpo entre las anteras de las flores. Cuando se les molesta salen, es torpe y lento al caminar.

Importancia económica

No tiene importancia en la tuna. Solo que en el "sunchu" durante la temporada lluviosa de enero a marzo, las flores infestadas se marchitan antes de tiempo; de allí su nombre común "escarabajo de la flor del sunchu".

5.1.2 Ave visitante de la Flor de Tuna

Colibri sp. (Picaflor gigante)

El "picaflor gigante", por su espectacular e impresionante tamaño, es frecuentemente observado posado sobre alguna planta, o en vuelo retenido y con el pico inroducido en las flores de la tuna (Fotos 234 y 235)

199

Foto 224. *Apis mellifera* exploramdo el jugo azucarado de fruto de tuna cuarteada.

Foto 225. *Xylocopa* sp. explorando la flor de tuna.

Foto 226. *Bombus* sp. ingresando a su nido.

Foto 227. Nido de *Xylocopa* sp. en tallo de cabuya

Foto 228. *Prionix* sp. en la flor de tuna.

Foto 229. *Prionix* sp. en flor de *Opuntia* ибulata

Foto 230. fémur posterior de *Chasmatopterus* (Col.: Scarabaeidae).

Foto 231. Antenas lameladas de *Chasmatopterus* (Col.: Scarabaeidae).

Foto 232. *Chasmatopterus* (Col.: Scarabaeidae) alimentándose de polen de la flor de tuna.

Foto 233. Poblacción de *Chasmatopterus* (Col.: Scarabaeidae) en la flor de "sunchu".

Foto 234. *Colibri* sp. "Picaflor gigante" de los tunales.

Foto 235. *Colibti* sp. "Picaflor gigante".

CAPÍTULO VI

Insectos Fitófagos Estrechamente Asociados a la Planta de Tuna

Buprestido de los tunales

6.1.1 Fitófagos frecuentes

En los bosques de tuna es común registrar una diversidad de insectos estrechamente asociado a la cactácea y a diferentes otras especies vegetales; tanto los que residen de manera permanente o los que se comportan como simples visitantes en ciertas temporadas. Sin duda, la abundancia de los insectos está estrechamente relacionada con el periodo lluvioso de año.

Ectinogonia sp.
(BUPRÉSTIDO DE LOS TUNALES)

Ubicación taxonómica

Orden	: Coleoptera
Suborden	: Polyphaga
Familia	: Buprestidae
Subfamilia	: Chrysochroinae
Género	: *Ectinogonia* Spinola, 1837

Antecedentes

Según Bellamy (2003), en la Región Neotropical existen 36 especies del género *Ectinogonia*, caso *Ectinogonia (Ectinogonia) angulicollis*, *Ectinogonia (Achardella) americana* Herbst, *Ectinogonia (Achardella) curtula* Kerremans, *Ectinogonia (Achardella) denticollis* Fairmaire, *Ectinogonia (Achardella) hoscheki* Obenberger, *Ectinogonia (Ectinogonia) atacamensis Moore*, *Ectinogonia (Ectinogonia) buqueti* Spinola, *Ectinogonia (Ectinogonia) chalyboeiventris chalyboeiventris* G. & K., *Ectinogonia (Ectinogonia) darwini* Waterhouse, *Ectinogonia (Ectinogonia) fastidiosa* Fairmaire & Germain, *Ectinogonia (Ectinogonia) intermedia* Kerremans, *Ectinogonia (Ectinogonia) minorgutierrezi* Cobos, *Ectinogonia (Ectinogonia) pulverea* Kerremans, *Ectinogonia (Ectinogonia) roitmani* Moore, *Ectinogonia (Ectinogonia) speciosa speciosa* (Germain, 1855) y *Ectinogonia (Ectinogonia) speciosa oscuripennis* Cobos.

Para el Perú Raven (1988) indica que los bupréstidos no han sido estudiados debidamente, afirmación que es corroborada por la escasa información en la literatura nacional. El mismo autor reporta que los únicos registros corresponden a *Euchroma gigantea* (L.) como especie ampliamente difundida en la selva peruana, *Agrilus ruficollis* Fabricius sobre el follaje de *Ricinus comunis* L. y *Agrilus* sp. sobre tallos de "chilco" en la zona de Lambayeque; además, especies no identificadas del género *Psiloptera*, y *Chrysobothris* (cercana a *frontalis*) sobre hojas de mango en el mismo departamento de Lambayeque. De investigaciones realizadas en Ayacucho, Vilca y Aybar (1999) indican que entre los artrópodos frecuentes de la tuna existe un coleóptero no identificado de la familia Buprestidae. No detallan la relación del buprestido con la cactácea, tampoco su importancia.

Característica morfológica

El especímen de *Ectinogonia* de los tunales es de color marrón oscuro, bronceado en la parte ventral y con el cuerpo que se estrecha hacia la parte posterior. Muestra las antenas cortas, aserradas y los élitros con estrías longitudinales. Mide de 27 a 30 mm de longitud.

Comportamiento

En el bosque de tuna, el adulto es muy frecuente observarlo exponiéndose al sol, posado sobre la penca de tuna (Foto 236), en tallo de *Opuntia subulata* (anku kichka) o en el "molle" (Foto 237). Al ser molestado, recoge sus apéndices al cuerpo, aparenta estar muerto y se deja caer al suelo, perdiéndose entre los tallos secos de arbustos y plantas herbáceas que crecen en los tunales. Tiene actividad diurna y preferencia por las flores de la tuna y de *Opuntia subulata* (anku kichka). Sin duda, se desconoce su hospedero preferencial y el daño que ocasiona en alguna planta; tanto en su fase larvaria como adulto. Sin duda una especie abundante e importante motivo de estudio.

Eriocharis devestivus Monné and Martins, 1973
(CERAMBÍCIDO DE LOS TUNALES)

Ubicación taxonómica

Orden	: Coleoptera
Suborden	: Polyphaga
Familia	: Cerambycidae
Subfamilia	: Cerambycinae Latreille, 1802: 211
Género	: *Eriocharis* Aurivillius, 1912: 483
Especie	: *Eriocharis devestivus* Monné and Martins, 1973

Antecedentes

Monné *et al.* (2012) registra para el Perú a *Eriocharis devestivus*; según el mismo autor fue colectado en Miravalle, Ayacucho, Perú; en tanto que Vilca y Aybar (1999) refieren que el cerambícido en referencia es muy frecuente entre los insectos del bosque de tuna en la región ayacuchana.

Comportamiento

El "cerambicinae de los tunales" es muy común observarlo durante el día en diversas cactáceas, aunque con mayor regularidad y permanencia en la planta de tuna (Fotos 238 y 239), especialmente durante el periodo de floración y fructificación. Prefiere ubicarse en las pencas del tercio superior, ya sea sobre los frutos o pencas tiernas cercanas a las flores; solos o en pareja, incluso en cópula. Este comportamiento coincide con lo descrito por Dajoz (2001), quien manifiesta la existencia de muchos cerambícidos de actividad diurna que frecuentan las flores, exploran el néctar o polen; mientras que otras buscan los frutos o savia que se derraman de los árboles con el fin acumular reserva proteica y azúcares para asegurar la ovogénesis. Por lo demás, se desconoce su hospedero preferencial y los daños que ocasiona, tanto al estado adulto como en su fase larvaria, aspectos que justifica estudiarlo y describirlo con detalle, debido a su regularidad en el ecosistema de la tuna.

Dasiops sp.
(DIPTERA: LONCHAEIDAE)

Ubicación taxonómica

Orden   : Diptera
Familia   : Loncheidae
Género   : *Dasiops* Rondani 1856

Antecedentes

Según Korytkoski y Ojeda (1971) existen 19 especies del género *Dasiops* bien representados en el Perú. Los autores refieren la existencia de especies relacionadas con las cactáceas, caso *Dasiops uruguayensis*, *Dasiops bourquini* (Blanchard) y *Dasiops chiesai* (Blanchard) que fueron registrados en *Opuntia* sp.; en tanto que *Dasiops subandina* (Blanchard) colectado de frutos de *Opuntia sulphurea* Gill. Por su parte Vilca y Aybar (1999) refieren a moscas Lonchaeidae y Otitidae frecuentes en la planta de tuna de bosques naturales de Ayacucho.

Característica morfológica

La "mosca lonqueide" registrado en los tunales, es negra brillosa (Foto 240), con la cabeza de color roja a marrón rojiza. Mide de 3.5 a 4 mm de longitud.

Comportamiento

Por lo general la mosca frecuenta con regularidad los tunales. En ocasiones que se le registra sola o en pareja sobre la penca, lo hace tomando baño de sol. Se desconoce su actividad, aunque se sospecha que tenga como hospedero a las cactáceas silvestres, porque en el bosque de cactáceas de Sarawasi, localidad de Orqowasi, perteneciente al distrito de San José de Ticllas, en el 2003 se registró larvas de mosca (probablemente del Lonchaeidae) (Fotos 241 y 242), dañando el fruto de una cactácea silvestre, fruto que el campesino lo utiliza como alimento. No se logró recuperar el adulto.

Anomala sp.

(ESCARABAJO, MELOLONTINO)

Ubicación taxonómica

Orden	: Coleoptera
Suborden	: Polyphaga
Superfamilia	: Scarabaeoidea
Familia	: Scarabaeidae
Subfamilia	: Melolontinae
Género	: *Anomala* Samaeulle
Especie	: *¿dubia?*

Antecedentes

Raven (1988) reporta que el género *Anomala* se encuentra bien representado en la región neotropical; indica además que es un género cosmopolita, habiéndose registrado 799 especies a nivel mundial, 194 para región neotropical y siete especies para el Perú. Según el autor mencionado, a pesar de reconocer la gran importancia de este género como especie dañina en la agricultura y en los cultivos de plantas ornamentales, aún no se ha esclarecido debidamente la identidad de las principales especies que actúan como "plagas". Las escasas referencias corresponden a *Anomala* sp., reportada por Wille (1952), cuyas larvas dañan raíz de caña de azúcar, *Anticarcia* Blanchard como especie dañina en los rosales en la ciudad de Lima y *Anomala undulata* Melsh en maíz (Sarmiento *et al.*, 1992).

En Ayacucho no se han hecho estudios y registros de especies del género en mención; tampoco se conoce su real importancia a pesar de su abundancia en los valles bajos y en la época de floración de *Echinopsis peruviana* en los bosques xerofíticos. La especie registrada en el "sankay" probablemente corresponda a *Anomala dubia* (Scopoli, 1763)

Foto 236. *Ectinogonia* sp. (Buprestido de los tunales) en penca de tuna.

Foto 237. *Ectinogonia* sp. en *Schinus molle*.

Foto 238. *Eriocharis devestivus* (Cerambicido del bosque de tuna).

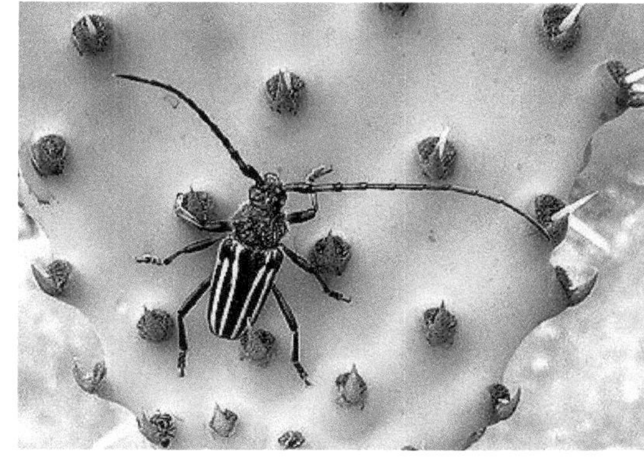

Foto 239. *Eriocharis devestivus* en penca tierna de tuna.

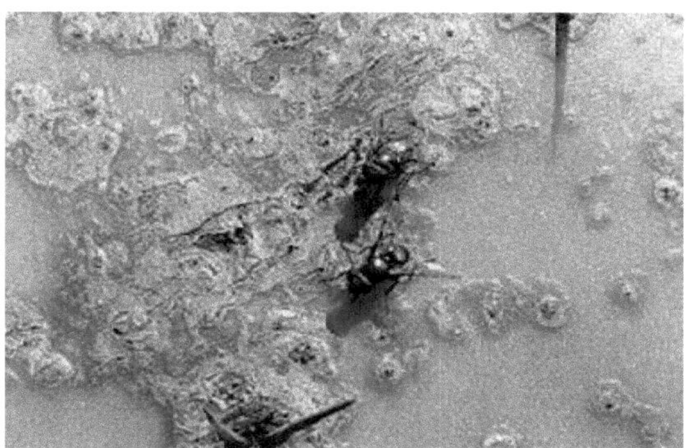

Foto 240. Mosca Lonchaeidae en penca de tuna.

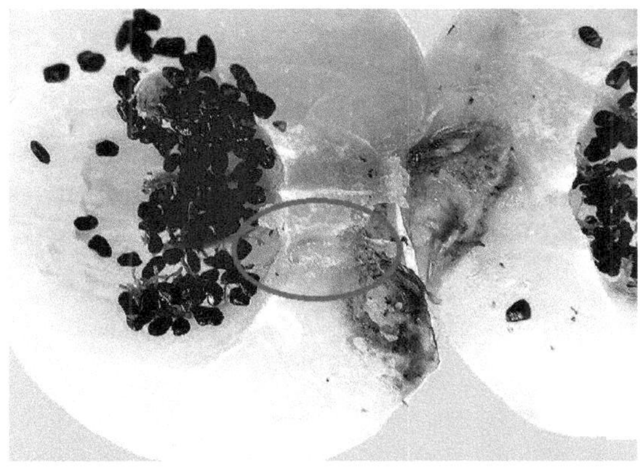

Foto 241. Larva de mosca en fruto de Cactácea silvestre (probablemente de Lonchaeidae).

Característica morfológica

El adulto de *Anomala* registrado en las flores del "sankay", presenta el cuerpo brilloso, con la cabeza y protórax marrón oscuro, al igual que toda la parte ventral del cuerpo y sus patas; en tanto que sus élitros son de color marrón ámbar que deja ligeramente descubierto el pigidio. Mide de 12 mm a 17 mm de longitud.

Comportamiento

En el bosque de tuna *Anomala* se refugia dentro de las flores de *Echinopsis peruviana* (sankay) (Foto 243). La flor de esta cactácea tiene corola profunda y estambres desarrollados, en medio de los cuales se concentran numerosos especímenes. No ha sido reistrado en la flor de tuna. En la noche salen de las flores del "sankay" y sobrevuela el bosque con vuelo ruidoso, según los campesinos visitan las viviendas atraído por la luz. Por lo demás, se desconoce el comportamiento de sus larvas y la relación tanto del adulto y de la larva con respecto a la planta de tuna y otros vegetales del bosque.

Epicauta Epicauta willei y *Epicauta latitarsis*
(LLAMA LLAMA O BOTIJONES)

Ubicación taxonómica

Orden	: Coleoptera
Familia	: Meloidae
Género	: Epicauta
Especies	: *Epicauta willei* Den. y *Epicauta latitarsis* Haag.

Antecedentes

Wille (1943) cita a ambas especies como comedores voraces de hojas de quinua y papa en la sierra peruana durante los meses de enero a marzo.

En Ayacucho, tradicionalmente se les considera plaga ocasional de la papa y de diveresas solanáceas silvestres; en tanto que a sus larvas se comporta como depredadores de paquetes de huevos de la langosta (Obserevación personal).

Característica morfológica

Los adultos de *Epicauta latitarsis* y *Epicauta willei* son totalmente negros, sólo que en el caso de *E. latitarsis* sus élitros se encuentran desprovistos de pelos y sólo con escasos pelos claros alrededor del protórax, mas bien presentan finísimos puntitos en los éitros; en tanto que todo el cuerpo de *E.*

willei se encuentra cubierto por densos pelos grisáceos amarillentos, de modo que el cuerpo de esta especie aparenta gris; además muestra en los márgenes de los élitros una fina banda amarilla (Wille, 1943).

Comportamiento

En los bosques de tuna es común registrar alta población de adultos de ambas especies, especialmente a *Epicauta willei* sobre el arbusto "cruz kichka", en la solanácea silvestre conocida como "ñuchku" por los campesinos, y eventualmente sobre las pencas y frutos de la tuna (Foto 244). La abundancia de ambas epicautas está estrechamente relacionada con los lugares de desove de la langosta.

6.1.2 Otros fitófagos asociados a la tuna

Además de los fitófagos descritos anteriormente, existen diversa especies, por ejemplo, Chrysomelidos (Foto 245), *Conoderus* sp. (Coleeoptera: Elateridae) (Foto 246), *Calopteron* sp. (Coleoptera.: Lycidae) (Foto 247) y muchas especies de otras órdenes de insetos; de los cuales se desconoce su actividad.

Tenebrionido de los tunales

213

Foto 242. Fruto de cactácea silvestre con signo de daño, en cuyo interior de registró larva de mosca Lonchaeidae.

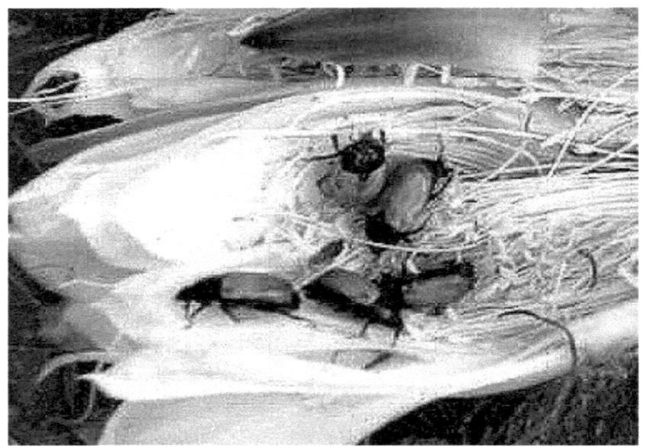

Foto 243. *Anomala* sp. dentro de la flor de *Echinopsis peruviana* (sankay).

Foto 244. Población de *Epicauta willei* en tuna.

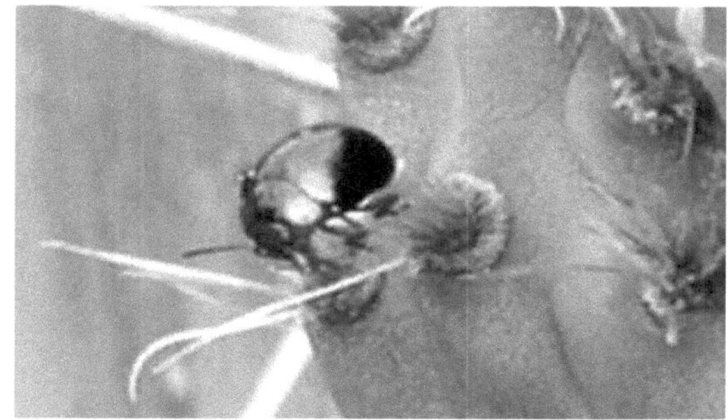

Foto 245. Coleoptera: Chrysomelidae.

Foto 246. *Conoderus* sp. (Col.: Elateridae).

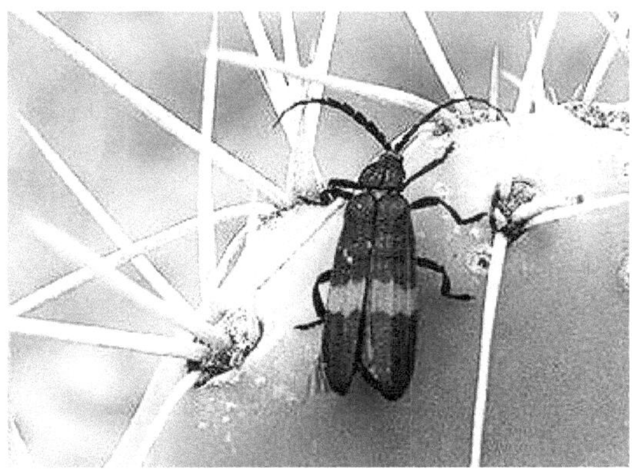

Foto 247. *Calopteron* sp. (Col.: Lycidae).

CAPÍTULO VII

Insectos, Arañas, Aves y Ectotermos Predadores de Insectos de la Tuna

Ninfas de araña emergidas de
una postura en penca de tuna

Águila predadora de langosta

7.1.1. Insectos predadores

Existen diversas especies de insectos predadores que frecuentan el bosque de tuna, especialmente especímenes de la familia Shpecidae, Pompilidae, Vespidae, Asilidae, Bombiliidae, Mantidae, Myrmeleontidae, Chrysopidae y Carabidae.

Prionix sp.
(HYMENOPTERA: SPHECIDAE)

Prionix sp. (Foto 248) se comporta como un excelente predator, captura al vuelo su presa, especialmente a *S. piceifrons peruviana* y grillos mientras se desplasa por el suelo.

Para el caso de la langosta, la avispa se prende por sobre la parte superior del tórax, luego de un corto tiempo la langosta se encuentra neutralizada. En esa condición la avispa se desprende de su victima por un corto tiempo, merodea ágilmente en el entorno de la presa como comprobando si está totalmente neutralizada. Acto seguido, nuevamente se posesiona sobre su víctima, trata de llevarla, lo transporta un trecho corto y repite varias veces la operación descrita hasta llegar al nido, que po lo general no se encuentra tan distante.

Para la reproducción, el esfécido construye su nido en áreas claras del bosque, donde generalmente existen presas que capturar. En el espacio de anidación es común registrar varios especímenes afanados en escarbar el suelo de tierra suave, que por lo común los nidos se concentran cercanos entre uno y otro.

Se considera necesaria realizar estudios de su biología, capacidad predadora, identificar las especies que les sirven de presa y su distribución poblacional, en base a su importancia y densidad poblacional con que se presenta en los bosques de tuna.

Pepsis spp.
(HYMENOPTERA: POMPILIDAE)

Pepsis spp. es un grupo de pompílidos que frecuenta durante todo el año el bosque de tuna. Su densidad está asociada a la abundancia de acrídidos, arañas y otros insectos.

Durante el día pueden ser registrados escarbando el suelo para anidar, o posado en la penca de tuna, absorbiendo exudaciones de las areolas de pencas tiernas y del fruto verde, como lo hace la hormiga *Camponotus*. En otras ocasiones se le registra ingresando a nidos de *Bombus* sp. (Foto 249). Sin duda, la población de este grupo de pompílidos de variado tamaño es bastante manifiesta en los tunales de Ayacucho; aspecto que como en el caso de la avispa anterior resalta y merece identificarlos a nivel de especie, estudiar su biología y determinar todos los artrópodos que le sirven de presa.

Ammophila sp.
(HYMENOPTERA: SPHECIDAE)

Ammophila sp. es un predador que puede ser encontrado sobrevolando las plantas de tuna, especialmente cuando se encuentran cercanas a *Opuntia subulata* (anku kichka). En la temporada lluviosa y fría se refugia con gran población entre las espinas de la cactácea silvestre antes mencionada (Foto 250), pobablemente como medida de protección. Está presente desde las zonas bajas con cultivos hasta más de 3,000 msnm; tal vez a mayor altura.

Bembix (Stictia) *signata* (Linnaeus, 1758)
(HYMENOPTERA: CRABRONIDAE)

Bembix signata (Foto 251) es otro de los controladores biológicos con presencia importante en el bosque de tuna de zonas bajas o quebradas. Precisamente en febrero de 2004 se registró buena población de adultos en un claro arenoso con bosquecillo de huarango y tuna en Wayllapampa, a 2450 msnm. En el espacio arenoso sobrevolaba como abejas sobre un sin número de nidos construidos en el suelo. Alrededor del lugar de anidamiento existían "mosquillas" y "saltonas" de *Schistocerca piceifrons peruviana*, trepados en huarangos de porte pequeño.

Efferia sp.
(DIPTERA: ASILIDAE)

Efferia sp. (Foto 252) y otros asílidos son comunes en el bosque de tuna, especialmente los espacios ocupados por pastizales. Puede hallárseles posado en el suelo o sobre piedras, algunas veces devorando a su víctima. El adulto es de color plomizo a negro, con manchas blancas y abdomen alargado que termina en punta con un mechón de escamas. Se desconoce su importancia y actividad real en el bosque.

Villa sp.
(DIPTERA: BOMBYLIIDAE)

Villa sp. (Foto 253) y otros bombílidos forman otro grupo importante de controladores biológicos en el bosque de tuna. Generalmente es registrada en forma solitaria y dispersa en los pastizales, especialmente cuando el bosque se encuentra seco. Existe especies de tamaño moderado a grande, pero todas negras con las alas jaspeadas (la mitad anterior negra y la restante hialina). Incrementa su población durante el periodo lluvioso.

Captopteryx sp.
(MANTODEA: MANTIDAE)

Captopteryx sp. así como otros Mantidae, es poco común registrarlo en los bosques de tuna. De manera esporádica y casual es vista sobre la penca de tuna en posición de espera a su víctima (Foto 254), o consumiendo alguna presa. Su extraordinaria característica de mimetizarse con el color de la penca o con las ramas de los árboles, hace difícil visualizarla.

Myrmeleon sp. y *Chrysoperla externa* (Hagen)
(NEUROPTERA: MYRMELEONTIDAE Y CHRYSOPIDAE)

Myrmeleon sp. (Foto 255) y *Chrysoperla externa* acostumbran a posarse en tallos altos y verticales de gramíneas del bosque, siendo en esa situación difícil de visualizarlo debido a su cuerpo delgado, alas delgadas, membranosas y transparentes. Su población es numerosa, especialmente de *Chrysoperla*, después del periodo lluvioso. Al volar vaten sus alas de manera descoordinada, su recorrido es errático y por un trecho corto. En el caso de *Myrmeleon* sus larvas se ubican en suelo suelto, bajo la copa frondosa de las plantas de huarango, molle y algarrobo; en cada espacio y lugar de vida de la larva existen numerosos hoyos en forma de cono, parecido a pequeños cráteres; en el fondo de cada hoyo se encuentra oculta la larva, la cual está cubierta con tierra fina, esperando pacientemente que atraviese por el cono una presa para capturarlo y enterrarlo, salpicado tierra hacia el exterior; en tanto que la larva de *Chysoperla* lo encontramos en las ramas del molle donde existe *Pulvinaria* sp., *Ceroplastes* sp. y *Calophia schini*.

Notiobia sp. y *Pterostichus* sp.
(COLEOPTERA: CARABIDAE)

Ambos Carábidos son raros ser observados durante el día, aún cuando existe con buena población. Generalmente están ocultas en áreas con sombra, dentro de los tunales, bajo las pencas caídas o bajo las piedras; sin embargo, después de aplicaciones de insecticidas contra saltonas y adultos de *Schistocerca piceifrons peruviana* en marzo de 2004, en la localidad de Wari, se registró buena población de estas especies, muerta, junto a otros insectos y arañas en diversas partes el bosque. Mortalidad producida probablemente al caminar durante la noche en busca de presas en el área fumigada, o al consumir alguna presa envenenada.

Cicindela sp.
(COLEOPTERA: CARABIDAE)

Esta especie es un caso particular dentro de los Cicindelinae en general, a diferencia de otros cicmdelidos que tienen comportamiento crepuscular y nocturno, *Cicindela* sp. en el bosque es registrada con población de 10 especimenes por metro cuadrado durante toda la mañana en lugares donde existen mosquillas de *Schistocerca piceifrons peruviana*. De acuerdo a evaluaciones de la langosta por varios años, se ha registrado que *Cicindela* sp. es uno de los predadores más importantes en el control de las pequeñas ninfas. Comportamiento importante a tomar en cuenta dentro de un Programa de Manejo Integrado del acrídido y de las otras especies dañinas de la tuna.

7.1.2 Arañas Predadoras

Existen diversas especies de arañas que se comportan como excelentes predadores de insectos en la planta de tuna. Entre las más comunes destacan especies de las familias Argiopidae, Oxyopidae y Salticidae; en tanto que en el suelo existen arañas conocidas como "viuda negra" (Theridiidae), "tarántula" (Lycosidae), etc. Las diversas arañas sirven a su vez de presa a avispas predadoras y a las aves que viven o visitan temporalmente el bosque.

Foto 248. *Prionix* sp. visitando nido de *Acromyrmex* sp. Se observa caminando sobre la basura en la boca del nido.

Foto 249. *Pepsis* sp luego de explorar el nido de *Bombus* sp.

Foto 250. *Ammophila* sp. en *Opuntia subulata*.

Foto 251. *Bembix signata* capturado en Wayllapampa (2450 msnm), Ayacucho.

Foto 252. Adulto de *Efferia* sp.

Foto 253. *Villa* sp.

Argiope sp.
(ARAÑA PLATEADA DE LOS TUNALES)

Ubicación taxonómica

Phylum   : Arthropoda
Clase   : Arachnida
Orden   : Araneae
Familia   : Araneidae
Género   : *Argiope*
Especie   : *Argiope* (¿*argentata*?)

Generalidades

El género *Argiope* (Fabricius 1975) incluye arácnidos de tamaño bastante grandes y espectaculares; a menudo con el abdomen de color plateado llamativo. Se encuentra bien distribuida en todo el mundo, especialmente en los países de clima templado y cálido.

Como todas las arañas son inofensivas para el hombre. Se alimenta de insectos y son capaces de consumir presas hasta el doble de su tamaño; incluso pequeños murciélagos. Pueden morder por defensa cuando se le agarra, no tiene ningún interés por los seres humanos. Su veneno no es considerado como un problema de salud grave para el hombre, aunque a menudo contiene toxinas de poliamidas como potencial agente terapéutico, medicinal. Se encuentra distribuido desde el Sur de California hasta Argentina (Wikepedia, 2010).

Característica morfológica

Argiope argentata (araña plateada de los tunales) se caracteriza por ser de gran tamaño. Mide aproximadamente 36 mm las hembras y más pequeños los machos. En el cuerpo del arácnido predomina el color blanco plata y una combinación de colores marrón y naranja en la parte posterior, así como en sus patas.

Comportamiento

La "araña plateada" teje grandes redes o telaraña entre las pencas de tuna de una misma planta o entre pencas de plantas vecinas. Es una especie inofensiva para el hombre. Normalmente acostumbra a esperar pacientemente a su presa ubicándose al centro de la red; pero apenas siente la vibración de los hilos se traslada al lugar de donde proviene o cayó la presa, rápidamente se posesiona sobre el cuerpo de la víctima, segrega abundante hilo de seda para envolverlo hasta convertirlo en momia. La red también actúa como una trampa para machos de *Dactylopius coccus* Costa (cochinilla) en el periodo de mayor reproducción, aspecto que probablemente tenga implicancia con la fertilización, debido a la abundancia de arácnidos y redes en el bosque de tuna. Su aspecto y tamaño hace temer a los campesinos que por desconocimiento lo elimina juntamente con su red al momento de encontrarse de sorpresa con la araña cuando transita en el interior del tunal.

Según Vilca (2006), en el mes de mayo alcanza la más alta población (Fig. 15); densidad alta que viene en ascenso desde enero. Sin duda la mayoría de los especímenes durante el verano son pequeños y dispersos en todo el bosque, producto de la nueva generación. A partir de junio la nueva generación cuenta con su propia red, pero corre la suerte de ser eliminado por el hombre cuando ingresa al tunal a realizar las últimas cosehas de tuna fruta y principalmente a recolectar la cochinilla.

Importancia económica

Por la abundancia de la araña *Argiope argentata* en los tunales, debe ser catalogado como el predador más importante de la diversidad de insectos del bosque, especialmente de insectos dañinos de la tuna, aunque sirve a la vez de presa importante de la avispa *Polybia* sp. (Vespidae).

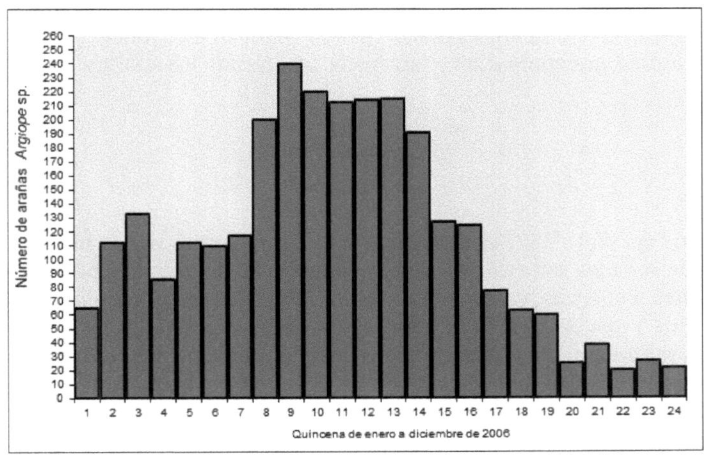

Figura 15. Fluctuación población de *Argiope* sp. en plantas de tuna. Waripampa, Ayacucho (Vilca, 2006).

Como medida de protección del arácnido se debe recomendar a los campesinos no eliminarlos; en tanto que el control químico de la langosta debe realizarse de manera dirigida, sólo contra las ninfas mosquillas, cuando éstas se encuentran trepadas y agrupadas sobre los huarangos y tuna, poco antes de pasar a la fase de saltonas; de lo contrario las aplicaciones masivas como se vienen ejecutando elimina toda la fauna insectil y arácnidos en general.

Latrodectus sp.
(ARANEAE: THEREDIIDAE)

Latrodectus sp. (Foto 256) es conocida como "viuda negra" o "lucacha". Recibe el nombre de viuda negra, porque normalmente la hembra se come al macho después del apareamiento, aunque a veces el macho escapa y logra aparearse de nuevo. Por lo general, el macho permanece en la telaraña de la hembra para servirle de presa y asegurar una buena puesta. Vive en el suelo bajo las piedras donde teje su red. Generalmente pasa desapercibida, constituyendo una amenaza para los recolectores de la tuna y cochinilla. Existe referencia que en algunas ocasiones las personas mordidas por la araña llegan hasta el hospital o fallecen.

La "viuda negra" utiliza su telaraña para capturar sus presas que caminan por entre las plantas herbáceas, especialmente cuando las plantas se encuentran crecidas. En ocasiones cuando abundan mosquillas y saltonas de *Schistocerca*, gran población es atrapada, incluyendo los adultos.

Oxyopes sp.
(ARAÑA LINCE)

Oxyopes sp. (Foto 257) es conocida como "araña lince", tienen buena visión, aunque sus ojos son relativamente pequeños. Es de cuerpo y patas largas y delgadas cubiertas con espinas largas. Se les puede encontrar en los arbustos y pastos; por lo general en la parte superior de las plantas. Es activo durante el día y caza como un lince; es decir, poco a poco se acerca a la presa y de pronto salta sobre ella. Tiene comportamiento errante, no construye red, más bien se le encuentra caminando ágilmente o posados sobre diversos órganos de la planta de tuna, de preferencia cerca de las flores. Por su relativa abundancia puede ser considerado en segundo orden de importancia después de *Argiope argentata*.

Metaphidippus **sp.**

(ARAÑA SALTADORA)

Metaphidippus sp. camina y salta en las pencas de tuna. Captura pequeña mosquillas de langosta y otras presas. Tiene la particularidad de fabricar su escondite con hilo de seda en el "ombligo" de la tuna fruta, lugar donde permanece oculta (Foto 258).

Lycosidae (Araneae)

(TARÁNTULA)

Algunas veces a la araña Lycosidae conocida como "tarántula" se le encuentra debajo de los arbustos o sobre ella predando ninfas saltonas (Foto 259).

7.1.3 Aves Predadoras

La abundancia de aves predadoras en el bosque de tuna, está estrechamente relacionada con la población de *Schistocerca piceifrons peruviana*, *Melanoplus* spp., *Trimerotropis* sp., *Acheta* sp. y diversos otros artrópodos y pequeños vertebrados. El "killincho" y el "waman" son aves permanentes de los bosques; en tanto que, otras como el "anka" y el "aqchi" vistan por temporadas para alimentarse principalmente de langosta, grillo, arañas, cien pies, mil pies y de pequeños vertebrados.

Geranoaetus melanoleucus (Vieillot, 1819) y *Buteo* spp.

(ÁGUILA MORA, ALCÓN)

Geranoaetus melanoleucus (Foto 260) y *Buteo* sp. (Foto 261) visitan los bosques de tuna; algunas veces regresan solas o en parejas; en tanto que otras en grupo, comportándose los gavilanes (*Buteo* sp.) como los visitantes más numerosos, que en determinadas ocasiones superan los 200 especímenes. Sobrevuelan en círculo al explorar el nuevo territorio, y durante su estadía "peina" el bosque en busca de insectos y otros animales pequeños. Comunmente las águilas persiguen a la langosta *Schistocerca piceifrons peruviana* cuando ésta se encuentra dispersa en el bosque, algunas llegan antes de que la langosta entre en hibernación y otras lo hacen pasado el invierno, durante el periodo de reproducción. La sincronización del encuentro con la abundancia de la langosa y con otras presas del bosque es perfecta, de allí su importancia como parte de la cadena trófica en el complejo mundo del bosque natural.

227

Foto 254. Mántido *Captopteryx* sp.

Foto 255. Neuroptera *Myrmeleon* sp.

Foto 256. Araña *Latrodectus* sp. o "viuda negra".

Foto 257. *Oxyopes* sp. en la flor de tuna.

Foto 258. Araña *Metaphidippus* sp. en el "ombligo" del fruto de tuna.

Foto 259. Araña Lycosidae predando a ninfa saltona de *S. piceifrons peruvina*.

Phalcobaenus megalopterus (Meyen, 1834)
(AQCHI)

El "aqchi" (Foto 262) (Falconidae) constituye otro grupo importante de aves predadoras que visita el bosque xerótitico, es de color negro o marrón rojizo cuando joven; pero, todos llevan pluma blanca en la cola, razón por la cual los campesinos con cariño lo denomina "moro sikicha". Esta ave aparte de predar langostas, rastrea el suelo en busca de diversos artrópodos, caso grillos, coleópteros, alacranes, ciempiés y arañas; luego de permanecer por espacio de dos a tres meses en lugares cercanos migran y desaparecen por completo hasta la nueva temporada.

Falco sparverius Linnaeus, 1758 y *Falco* sp.
(CERNÍCALO O KILLINCHO Y EL WAMAN)

En los bosques xerofíticos de Ayacucho, diversas especies de falconidos (Fotos 263 y 264) se comportan como aves residentes y dominates de un gran espacio. Ocupa lugares donde abunda su presa, especialmente langosta *Schistocerca piceifrons peruviana*. Con toda seguridad se puede afirmar que donde existen alcones en abundancia, especialmente el killincho o cernícalo, existe igualmente langosta con alta población, de alli que se le considera como un indicador determinante de la presencia del acrídido.

Leptotila sp.
(PALOMA RABI BLANCA Y/ TORCASA)

Las aves del género *Leptotila* Swainson, 1837 incluye las palomas conocidas como "rabiblanca" o "torcasa"; éstas son un grupo de aves permanentes del bosque de tuna. Se agrupa en bandadas en el área de trilla durante el periodo de cosecha de trigo, cebada y arveja. Reposa en diversos árboles, particularmente en la tara, pati (Foto 265) y guarango; en tanto que, en el periodo de reproducción de la langosta *S. piceifrons peruviana*, probablemente juega un papel importante como predador de mosquillas, cuando éstas se encuentran gregarizadas en el suelo. En algunos años su población es tan alta que el campesino lo cataloga como plaga.

7.1.4 Animales Ectotérmicos Predadores
(REPTILES Y ANFIBIOS)

En los bosques de tuna es común registrar diversos reptiles conocidos camo culebra o "amaru", lagartija o "sukulluko" y con menor frecuencia el sapo o "qampatu" en el runa simi (quechua). En cada uno de los casos es muy difícil de diferenciarlos del entorno donde viven, excepto cuando se movilizan; tal es así que el color plomizo y jaspeado de su cuerpo les permite mimetizarse y hacerlos confundibles con el color de los pedregales que les sirve de refugio y lugar donde viven escondidos y de donde salen en las mañanas para tonar baño de sol o buscar alimento.

En Ayacucho no existen estudios sobre reptiles y batracios; especialmente de las zonas xerofíticas. De observaciones realizadas se desprende que existe un variado grupo de especies que vale la pena registrarlos, conocer aspectos de su comportamiento e importancia debido a que el ambiente xerofítico de los tunales es el hábitat propicio para diversos reptiles.

Ofidios (Sauropsida: Squamata)
(LAGARTIJAS Y CULEBRAS)

La lagartija (Foto 266 y 267) y la serpiente son las más frecuentes en los bosques xerofíticos. En la mañana, ambos ofidios salen de las piedras o rocas a tomar baño de sol, pueden ser registrados solas o en parejas. Conforme calienta el ambiente, la culebra se refugia nuevamente; mientras que la lagartija busca insectos que se posan en las plantas herbáceas, caso ninfas mosquillas de *Schistocerca piceifron peruviana* y de otras langostas, especialmete en el arbusto *Lantana* sp. y la gramínea *Paspalum* sp. En otros casos la lagartija trepa la planta de guarango de porte bajo y a la planta de tuna para capturar ninfas saltonas; otras veces se les registra cerca de los nidos de hormigas *Camponotus* y *Acromyrmex*.

En general, la lagartija es muy ágil corriendo. A la presencia de personas lo observa con la cabeza erguida, corre un trecho y se detiene en posición de observación. Si es molestado trata de esconderse entre las piedras o rocas, pero siempre haciendo los mismos "jugueteos". Ambos reptiles son vistos durante todo el año, especialmente en periodos secos y soleados. En el caso de la serpiente es frecuente registrarlo enroscado o en parejas, probablemente para la cópula.

Anuros (Anura: Bufonidae)
(SAPO O QAMPATU)

El "sapo" o "qampatu" (Foto 268) es casi raro o pocas veces visto en los tunales; por lo general es registrado en los meses lluviosos, se le observa pegados al suelo entre las piedras, siendo así difícil de reconocerlos. Se mimetiza con las rocas y gravas del suelo.

Foto 260. Águila mora *Geranoaetus melanoleucus.*

Foto 261. "Alcón" *Buteo* sp.

Foto 262. "Aqchi" *Phalcobaenus megalopterus.*

Foto 263. *Falco sparverius* vigilando su territorio.

Foto 264. *Falco* sp. vigilando su territorio.

Foto 265. *Leptotila* sp.

Foto 266. Lagartija de los tunales (predador de mosquillas y saltonas de langosta). Waripampa, Ayacucho

Foto 267. Reptil registrada en bosque de tuna de Kachipaqcha. Valle del Niño Yucaes, Tambillo, Ayacucho.

Foto 268. Anuro registrado en bosque de tuna de Kachipaqcha. Valle del Niño Yucaes, Tambillo, Ayacucho.

REFERENCIAS BIBLIOGRÁFICAS

AGUILAR, P.G. 1970. "Los palitos vivientes de Lima". I. Phasmidae de las Lomas. Rev. per. Ent. 13 (1): 1-8.

AYALA, M. Y FLORES V.I. 1986. Ciclo biológico del Barrenador de los cladodios de "tuna" (Coleoptera: Nitidulidae). Resúmenes de las ponencias presentadas al "Primer Congreso Nacional de Tuna y Cochinilla". Ayacucho-Perú. p. 52-53.

BEINGOLEA, O. 1963. Sumario Bio-ecológico de la langosta migratoria sudamericana, *Schistocerca cancellata* Serv. (*S. paranensis* Burm.), en el Perú. Rev. per. Ent. 6 (1): 39-60.

BETANCOURT, C.M. & SCATONI, I.B. 1999. Guía de Insectos y Ácaros de importancia agrícola y forestal en el Uruguay. Montevideo, Facultad de Agronomía, PREDEG/GTZ. 435p.

BETANCOURT, C. & SCATONI, I. 2002. Identificación de larvas y crisalidas de *Argyrotaenia sphaleropa* (Meyrick) y *Bonagota cranaodes* (Meyrick) (Lepidoptera, Tortricidae). Agrociencia. 6(2): 83-86

CARRASCO, F. 1967. Algunas plagas registradas en el Cusco. Rev. per. Ent. 10 (1): 62 - 67.

CARRASCO, F. 1987. Insectos de la "kiwicha" cultivadas en Cusco y Apurímac. Rev. per. Ent. 30 (1): 38-41.

CEBALLOS, G. 1941. Las Tribus de los Himenópteros de España. Instituto Español de Entomología. Madrid. 420p.

CERÓN, B. 1983. Palabras en la Inauguración del "I Seminario Departamental de Producción y Fomento de la Tuna y Cochunilla". Director forestal y Fauna. Ayacucho-Perú-Perú. p. 6.

CORNEJO, V. 1983. Plantas hospedaderas. Universidad Nacional de San Cristóbal de Huamanga. "I Seminario Departamental de Producción y Fomento de la Tuna y Cochinilla". Ayacucho-Perú. p. 7-8

CHAVEZ, N.A. 1977. La Materia Médica en el Incanato. Editorial Mejía Baca. Lima, Perú. 426p.

DAJOS, R. 2001. Entomología forestal: los insectos y el bosque. Papel y diversidad de los insectos en el medio forestal. Versión español de Cándido Santiago Álvarez. Impreso en España. Ediciones Mundi-Prensa. 548p.

DE JESÚS, A.B., ARAGÓN, A., LÓPEZ, J., RIVERA, A, Y LÓPEZ, V. 2016. Entomofauna Asociada al Nopal Verdura (*Opuntia ficusindica* Miller) en San Andrés Cholula, Puebla, México. Southwestern Entomologist Vol. 41 (1)

DELGADO, H. 1989. La Tuna en la Medicina Tradicional. Cuadernos de Investigación Nº 9. UNSCH. Facultad de Ciencias Sociales.

DELGADO, C. Y COUTURIER G. 2004. Manejo de insectos plagas en la Amazonía: Su aplicación en camu camu. Instituto de Investigación de la Amazonía Peruana, Institut de Recherche pour le Developpement. 147p.

DOMINGUES, R. 2001. Taxonomía 3. Strepsiptera a Hymenoptera: Claves y diagnosis. UACH, Parasitología Agrícola. 305p.

DOMINGUES, R. 2003. Taxonomía 1: Protura a Homoptera. Claves y Diagnosis. UACH, Parasitología Agrícola. 276p.

DOMÍNGUEZ, R. 2003. Taxonomía 2: Neuroptera a Coleoptera. Claves y Diagnosis. UACH, Parasitología Agrícola. 219p.

DOUROJEANNI, M. 1963. Introducción al estudio de los insectos que afectan la explotación forestal en la selva peruana. Rev. Per. Ent. 6 (1). 27-38

ENGEL, F. 1966. Geografía humana prehistórica y agricultura precolombina de la quebrada de Chilca. Tomo I, Universidad Nacional Agraria, Lima. p. 109-110.

ESCALANTE, J.A. 1991. Especies de hormiga conocidas del Perú (Hymenoptera: Formicidae). Rev. per. Ent. 34: 1-13.

ECOBICI, M.M., BIRÓ, T. & POPA, A. 2004. Research Concerning the Chemical Control against *Pseudococcus adonidum* L. Journal of Central European Agriculture, 5(3); 137-142.

FLORES, V., AYALA, M. Y TINEO, J. 1983. Principales plagas de la tuna (*Opuntia* spp.) y caracterización de síntomas de daños de una posible plaga ocasional (Coleoptera: Nitidulidae). I Seminario Departamental de Producción y Fomento de la Tuna y Cochinilla. Ayacucho, Perú. p. 26-32

FLORES, V.; VILCA, J., CABRERA, J. Y GUIMARAY, J. 1986. Evaluación de daños causados por el "barrenador de los cladodios" (Coleoptera: Nitidulidae) en tuna de Ayacucho. Resúmenes de las Ponencias Presntadas al "Primer Congreso Nacional de Tuna y Cochinilla". Ayacucho-Perú. p. 54-55

GARCÍA, R.J. 1978. Cuatro estudios sobre avispas sociales del Perú (Hymenoptera: Vespidae). Rev. Per. Ent. 21 (1): 1-22

GARZA, E. 2005. EL CHapulin *Melanoplus* sp. y su Manejo en la Planicie Huasteca. Instituto Nacional de Investigaciones Forestales, Agrícolas y Pecuarias. Centro de Investigación Regional del Noreste. Campo Experimental Ebano. Folleto Técnico No. 11, 15p. Disponible en:
http://www.inifapcirne.gob.mx/Biblioteca/Publicaciones/147.pdf

GONZÁLEZ, U.L., JUÁREZ, G. & FAÚNDEZ, E.I. 2016. Nuevo registro de *Pellaea stictica* Dallas, 1851 (Hemiptera: Heteroptera: Pentatomidae) para Perú. Boletín de la Sociedad Entomológica Aragonesa (S.E.A.), (58): 235–236. Notas científicas.

GRADOS, J. 1999. Lista preliminar de Sphingidae y Saturniidae (Lepidoptera) de la Zona Reservada de Tumbes, Tumbes, Perú. Rev. Per. Ent. 41: 15-18

HENRY, T.J. 1984. New United States records for two Heteroptera: *Pellaea stictica* (Pentatomidae) and *Rhinacloa pallidipes* (Miridae). Proc. EntomoL. Soc. Wash. 86 (3), 519-520. https://research.amnh.org/pbi/library/0863.pdf

JIMÉNEZ, M. Y JIMÉNEZ, M.G. 2003. El Cernícalo Americano *Falco sparverius*. www.damisela.com/zoo/ave/otros/falcon/falconidae/falco/sparverius/index.htm

LIEBERMANN, J. 1963. Sinopsis bibliográfica de los Acrídidos del Perú. Rev. Per. Ent. 6 (1): 61-66 pp.

MADRIGAL, A. 2003. Insectos Forestales en Colombia. Biología, habitos, ecología y manejo. Editorial Marín Vieco Ltda. Printed in Colombia. 847p.

MONNÉ, M.A., NEARNS, E.H.; CARBONEL, S.C.; SWIFT, I.P. AND MONNÉ, M.L. 2012. Preliminary checklist of the Cerambycidae, Disteniidae, and Vesperidae (Coleoptera) of Peru. INSECTA MUNDI A Journal of. https://museohn.unmsm.edu.pe/docs/pub_ento/Preliminary%20checklist.pdf

MURRIA, F. & LÓPEZ-COLÓN, J.I. 2003. Escarabeidos aragoneses: Chasmatopterus illigeri perris, 1855 (Coleoptera, Scarabaeidae, Melolonthinae, Chasmatopterini). Bol. S.E.A., 33(273). Notas Breves.

OCHATOMA, J. Y CABRERA, M. 1999. Descubrimiento del área ceremonial en Conchopata, Huari. XII Congreso Peruano del Honbre y la Cultura Andina. Tomo II, 212-244

OEPP/EPPO. 2005. European and Mediterranean plant Protection Organization / Organization Européenne et Mediterranéenne pour la Protection des Plantes. Boletín OEPP/EPPO Bulletin 35: 374-376

PARDOS, R. 1964. Clave para identificar los formícidos de la provincia de Chiclayo. Rev. per. Ent. 7 (1): 98-102

RAVEN K.G. 1988. Orden Coleoptera IV. Super-Familias Cleroidea, Lymexylonoidea, Meloidea, Tenebrionoidea y Cucujoidea. UNA La Molina, Lima, Perú

RAVEN K.G. 1993. Orden Diptera III: Aschiza y Acalyptrate. UNA La Molina. Lima, Perú. 143p.

RAVEN, K.G. 1969. Orden Hemiptera. UNA La Molina. Departamento de Sanidad Vegetal. Programa Académico de Graduados. Lima, Perú. 154 p.

RAVEN, K.G., (s.f.). Coleoptera, superfamilia Chrysomeloidea. Guía de Estudio del Curso de Sistemática II, XVIII-I a XVIII-31. Escuela de Post Grado, UNA La Molina.

SARMIENTO, J. 1992. Plagas del cultivo de algodonero. UNA La Molina, Departamento de Entomología. Lima, Perú. 238p.

SARMIENTO, J., SANCHEZ, G. Y HERRERA, J. 1992. Plagas de los cultivos de caña de azúcar, maíz, arroz. UNA LA MOLINA. Departamento de Entomología. Lima, Perú. 231p.

SALAS, D. 2020. Crianza de cochinillas y producción de carmín. Proyectos Peruanos: el aliado de su inversion. https://proyectosperuanos.com/cochinillas/

SCHAEFER, C.W. AND PANIZZI, A.R. 2000. Heteroptera of Economic importance. 804p.

SILVA, V.J.; MENDES, B. & MARIN, J.A. 2013. Paraedessa, a new genus of Edessinae (Hemiptera: Heteroptera: Pentatomidae). Universidade Federal do Pará, Innstituto de Ciencias Biológicas. Zootaxa 3716 (3): 395–416.

TERRY, J. 2000. Freceuncia estacioanl de plagas de *Opuntia ficus indica* en un bosque natural. Atoqpampa a 2500 msnm. Ayacucho. Tesis para obtener el Título de Ingeniero Agrónomo. UNSCH- Ayacucho.

URRUTIA, J. 1985. Tuna y Cochinilla en la Historia Ayacuchana. Ponencia presentada al Congreso Nacional de Tuna y Cochinilla. Ayacucho Perú.

VARGAS, J. 2004. Condiciones Ambientales y Situación Actual de la Grana Cochinilla *Dactylopius* spp. Monografía Presentada como Requisito Parcial para Obtener el Titulo de Ingeniero Agrónomo Zootecnista. Buenavista, Saltillo, Coahuila, México. https://docplayer.es/147282779-Ingeniero-agronomo-zootecnista.html

VILCA, J. AYBAR, M. 1999. Artropofauna presente en bosque natural de tuna (*Opuntia* sp) en Ayacucho, Perú. Resúmenes: XLI Convención Nacional de Entomología. Tumbes, Perú.

VILCA, J. Y CARRASCO, G. 2005. Ecología de *Schistocerca piceifrons peruviana*. Ayacucho, Perú. Informe Final de Investigación. Oficina General de Investigación e Innovación de la UNSCH.

VILCA, J. 1999. Impacto de la diversidad de plantas cultivadas en la regulación de plagas y la protección de la fauna benéfica en Ayacucho. Manejo Ecológico de Plagas. Una Propuesta para la Agricultura sostenible. p. 65-72.

----------------------. 2000. Fluctuación poblacional de *Prodiplosis longifila* Gagné (Diptera: Cecidomyiidae) en cultivo de papa y espárrago. Cañete, Perú. Tesis para optar el Grado de Magíster Scientiae. UNA La Molina. 126p.

--------------------. 2004. Ecología de *Schistocerca piceifrons peruviana*. Ayacucho, Perú. Investigación. Año 12, Vol. 12. Oficina General de Investigación e Innovación de la UNSCH. 11-16p.

--------------------. 2006. Comportamiento poblacional de moscas Lonchaeidae y Otitidae en plantas de tuna. Ayacucho, Perú. Informe Final de Investigación. Oficina General de Investigación e Innovación de la UNSCH.

--------------------. 2007. Comportamiento poblacional de *Edessa* sp. (Hemiptera: Pentatomidae) en plantas de tuna. Waripampa 2750 msnm. Informe Final de Investigación. Oficina General de Investigación e Innovación de la UNSCH.

--------------------. 2013. Daño de *Cryptarcha* sp. (Coleoptera: Nitidulidae) en penca tierna y órgano fructifero de tuna del bosque de Warí. Ayacucho. Informe Final de Investigación. Oficina General de Investigación e Innovación de la UNSCH.

-----------------------. 2015. Daño de *Schistocerca piceifrons peruviana* en tuna del bosque de Wari. Ayacucho, Perú. Informe Final de Investigación, Oficina General de Investigación e Innovación de la UNSCH.

VILCA, I. 2009. Ocurrrencia poblacional de *Acromyrmex* sp. y *Leptoglossus* sp. en bosque natural de tuna. Waripampa 2750 msnm, distrito de Quinua, Ayacucho. Tesis para obtener el Título de Ingeniero Agrónomo. UNSCH, Ayacucho.

VILCA-VIVAS J. Y VILCA-PIZARRO, J. 2023. Fluctuación y comportamiento poblacional de *Paraedessa heymonsi* (Breddin) y su depredador *Argiope* sp. en *Opuntia ficus-indica* (L.) Mill. Bioagro 35(1): 43-48. 2023.

VILCA-VIVAS, J., GONZÁLEZ-GUZMÁN, W., VILCA-PIZARRO, J. 3023. Daño y etología de *Cryptarcha* sp. en la cactácea *Opuntia ficus-indica* (L.) Mill. Ayacucho, Perú. Manglar 20(3): 239-2246

WILLE, J. 1943. Entomología Agrícola del Perú. Estación Experimental Agrícola de la Molina. Ministerio de Agricultura. Lima, Perú. 468p.

YABAR, E. 1981. Algunos lepidópteros que atacan al "tarwi" (*Lupinus mutabilis*) en el Cusco. Rev. Per. Ent. 24 (1): 81-85.

I want morebooks!

Buy your books fast and straightforward online - at one of world's fastest growing online book stores! Environmentally sound due to Print-on-Demand technologies.

Buy your books online at
www.morebooks.shop

¡Compre sus libros rápido y directo en internet, en una de las librerías en línea con mayor crecimiento en el mundo! Producción que protege el medio ambiente a través de las tecnologías de impresión bajo demanda.

Compre sus libros online en
www.morebooks.shop

Printed by Books on Demand GmbH, Norderstedt / Germany